rules

高品質的

理想生活整理術

SENOVINIS

rules

我愛極簡風

高品質的理想生活整理術

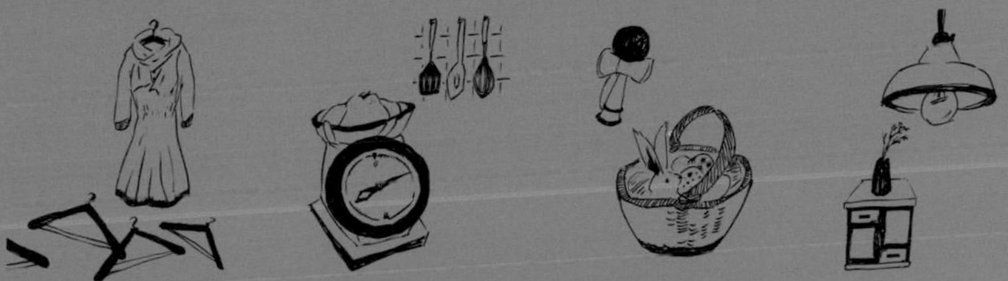

17 位 名 人 具 體 實 踐 簡 單 生 活 範 例 特 選

前言

不知道從何時開始，「簡單化」成為一種令人嚮往的生活方式。
按理說，可以隨心所欲地購買物品，
並擁有許多物品，應該是富足的象徵，
但為什麼大家還是想要簡單地過日子呢？

本書採訪了十七位名人，
探詢他們的簡單生活法則。
從雙方的談話中可以發現，與其說大家是將簡單生活當成目標，
不如說是在摸索使自己感到舒適自在的生活過程中，
逐漸走向簡單化。
換言之，簡單化並不是「目的」，
而是生活在其中的人感到舒適的「結果」。
或許這就是人們崇尚簡單生活的原因。

此外，
他們都是從呼應自身感受的事物踏出第一步。
「自己」喜歡什麼、什麼狀態會讓「家人」感到舒適，
從得出的結論中，
開啟他們的簡單生活。

捨棄與回收物品是經常被討論的議題，
但若是只作到這種程度，並無法過著簡單生活。
最重要的是要事先弄清楚自己對物品的喜好，
及家人喜歡的生活型態。
希望本書可以提供您一個參考方向，
開啟屬於自己的簡單生活。

簡單生活的
「第一步」

本書試著從登場人物的簡單生活中，
整理出一些容易仿傚的rules（守則），作為邁向簡單生活的第一步。
千里之行，始於足下，
從可以作到的部分著手，就能慢慢地累積經驗。

第一步 **rule 1**

選擇喜愛且能夠放鬆心情的顏色，再試著將它們作為家居布置的中心進行思考

減少使用的顏色，可使空間設計更為簡約。首先，從找出自己偏愛的顏色或家居布置想要呈現的色調著手，除此之外的顏色就盡量少採用。不要購買與選定的色調不相配的物品，本來就存在的物品則採取隱藏式收納法。若只有包裝不符合風格，可自行動手更換標籤。想要一口氣將家居環境整理完畢會太過勉強，最好先選定一個地方動手，覺得方法可行，再逐漸將範圍擴大。

第一步 **rule 2**

面對擁擠的空間，請先試想自己喜不喜歡此處所擺放的物品

面對物品擁擠的場所，不妨取出幾樣以擴大空間，可先試想自己是否想將物品留於此處。不管是天天使用，還是閒置不用的物品，若以喜歡與否作為標準，那麼是否留下的答案自然就會清楚明瞭。時常詢問自己：「這個物品，我喜歡嗎？」也是向簡單生活邁進的首要步驟。

第一步 **rule 3**

試著將家中囤積的日用品使用完畢

趁便宜時採購了許多的面紙、衛生紙、牙刷等。試著以玩遊戲的心態，挑選其中一樣進行挑戰，直到使用至最後一個前都不要補貨。以衛生紙為例，等到裝上最後一卷才繼續添購。在挑戰期間會主動地留意物品用完與否，自然就能避免囤積的行為。

第一步　**rule 4**

試著拒拿
紀念品或附送的贈品

湯匙餐具類的贈品、週年慶的紀念環保包……抱持著「反正是免費的物品，不拿白不拿」這種心態，會使物品堆積得越來越多。當這些免費贈品比不上既有的物品，或感覺太過廉價時，就會被閒置在一旁，又遲遲無法狠下心處理。若自覺時常捨不得丟棄物品，不妨試著説：「不用了！」當場就拒絕收下贈品，也許能就此拉近與簡單生活之間的距離。

簡單生活的
「第一步」

第一步　**rule 5**

將某一層置物架或斗櫃上方的位置空下來，
打造一個留白不放物品的空間

就算設定目標要讓家居布置變得簡單，也不可能一蹴可幾。倒不如從打造一個不放置任何物品的留白空間著手，比方説空出某一層置物架或斗櫃上方等。小小地體驗讓空間留白的成就感，及簡單生活的舒適感，如此一來就會更加嚮往簡單生活，並因而形成良性循環。一天一次，就算是清空餐桌或流理檯面等皆有效果。

第一步　**rule 6**

只以鹽調味，或混合家中現有的調味料使用。
試著動手製作不加「專用佐料醬」的料理

倘若「鍋中一定要加醬汁」、「肉要沾烤肉醬」、「沙拉要淋沙拉醬」，那麼冰箱和食物櫃的東西只會越積越多。其實以鹽調味就很好吃，不妨親身體會一次。至於佐料醬或沙拉醬，利用家中的調味料就能簡單製作，可以動手作作看。喚醒天然的味覺，飲食生活就能簡單化。

第一步　**rule 7**

挑戰新菜色，
將調味料、罐頭、乾貨、冷凍食品等儘快用完

暫時不要採買食材，想辦法利用冰箱及食物櫃內的現有材料作菜。以被遺忘在冷凍庫裡的食材，搭配既有的蔬菜和罐頭，創造出令人想反覆品嚐的美味料理。不僅可以讓廚房保持清爽整潔，還能清掉不必要的囤積，繼而創造出新菜色，可謂一舉數得。

第一步　**rule 8**

書寫用具、可直火加熱的器具……
將用途相同的物品全部陳列出來

找出家中的原子筆、鉛筆、蠟筆等書寫用具，全部擺放在桌上。不只搜尋文具盒，四處都要尋找文具的蹤影。也請試著找出湯鍋、平底鍋、水壺等可直火加熱的器具，包括一直收納於箱子裡的廚房用具。全家總動員，如同在玩一場尋寶遊戲。當它們全部聚集後，也許會驚覺數量竟有如此之多。

第一步　**rule 9**

將近期都沒再穿的衣服取出試穿，
並設想該如何進行穿搭

實際穿穿看，再思考不穿的理由，並嘗試之前不曾作過的搭配，也許會意外地重燃對它的熱情。就算已經不想再穿，也能明確地知道理由，可作為日後添置新衣的參考。要不要將衣服回收則根據個人的意願，但光是找出原因，就能為打造簡單衣櫃開啟契機。

Contents

2 前言

3 簡單生活的第一步

9

Part 1 名人的簡單生活

10 廣瀬裕子（散文家）

16 滝沢緑（生活雜貨鋪主人）

22 大內美生（主持不定期展出的藝廊）

30 柳本あかね（影像設計師，咖啡＆酒吧主人）

36 雨宮ゆか（插花教室負責人）

42 青木律典（建築家）

48 Linen（整理收納顧問）

54 Elsa Coustals（生活雜貨鋪合夥人）

61

Part 2 和孩子一起生活的簡單房間

62 のこのこママ（人氣部落客）

68 橋本（編輯）

74 holon（人氣插畫家）

80 MACKY（人氣部落客＆Instagrammer）

87
Part 3　人氣料理家的簡單料理與生活

88　渡邊康啟（料理家）

96　大庭英子（料理家）

104　植松良枝（料理家）

113
Part 4　收納專家的簡單衣櫃

114　本多さおり（整理收納顧問）

120　OURHOME Emi（整理收納顧問）

126　Linen（整理收納顧問）

60　被當成簡單生活的範本或帶來啟示的書籍＆電影

86 112　專家的包包裡裝了什麼？

〔注意事項〕

＊本書刊登的住宅皆為個人住宅，因此呈現的物品均為私人所有。
物品雖有提及購入的出處，但有些物品可能已經絕版，敬請見諒。

＊本書刊登的住宅，乃是考慮到生活的方便性、安全性等，加上個人的判斷，所實行的簡單生活方法。
參考這些想法，並套用到自己的生活中時，需顧及是否合乎實用性、安全性，請審慎思考，再依據個人的判斷執行。

＊本書刊登的資料，皆為採訪當時的樣貌和狀況。

Part 1

名人的簡單生活

本單元採訪了在各行各業中表現亮眼的名人，有散文家、生活雜貨鋪主人、插花教室主持人等。由於是活躍於各專業領域的優秀人士，即使在簡單生活中仍能保有各自的收納哲學，生活空間也各有巧思。仔細聆聽他們的談話，將可從中獲得啟發。

廣瀨以「沒有一處不喜歡」的心情入住屋主特地重新裝修的房子，以白色為主軸的地板與牆壁呈現明亮的氛圍，散發著韻味的木製家具與空間的搭配也十分得宜。

追求舒適自在的生活才是主要目的，
簡單化只是最後的「結果」。

散文家 **廣瀨裕子**

珍惜每一天，藉由生活所延伸的心得，曾撰寫許多帶給讀者正向思考的作品。目前居住於鎌倉。著有《感謝來到這個世界》、《環保，就從自己會作的開始》、《有機生活》等。http://hiroseyuko.com

散文家廣瀨裕子創作了許多與生活方式或生活指南相關的作品，讀來十分令人驚艷。某天，她忽然決定要「開心的生活」，這是一個非常抽象的願望，但當她把「自己覺得開不開心」作為選擇的標準後，就變成能簡單地看待人生中的各種事物。

「在思考要如何活得開心自在的過程中，走向了讓物品減少的形式，生活也跟著變得清爽整齊，這是最後所獲得的美好成果。」到底要如何讓自己開心的生活呢？不論是住宅、飲食、工作，乃至於人際關係都逐漸走向簡單化，也因此變得更容易作選擇。

「在接近五十歲的年紀，我深切感受到時間一年一年的變少。每天的生活都會成為人生的一部分，即使時間很零碎，累積下來依舊相當可觀，所以我認為讓自己每天都保持心情愉快是件非常重要的事。因為這個念頭，我發現有很多物品其實並不需要，也更瞭解要如何選擇必要的物品。」

曾有人對廣瀨說：「要先知道自己喜歡喝什麼味道的咖啡，才能泡出那個味道的咖啡。」同樣的道理，簡單生活也是從瞭解自己喜歡過怎樣的生活、想要重視什麼開始。維持外表或形式上的簡單生活並沒有意義，也無法長久，請試著捫心自問：「為什麼自己想要過簡單的生活？這點相當重要。」

以前律己甚嚴，廣瀨經常要求自己「必須這麼作」、「應該要這樣作」，如今她卻過著隨心所欲的簡單生活。由於人無法一直勉強自己，在明白這一點之後，她開始將覺得有趣、好玩的事情列為優先。「我現在按時吃飯、休息、和喜歡的人見面、聊開心的事、快樂的工作，及打造一個讓自己想一直待在裡面的舒適空間。」人生並非總是一切順遂，若是在設定目標後，無論什麼事情都全力以赴，有時反而會害苦自己。這段話，是為了提醒有這種傾向的人得要先卸下肩上的重擔。廣瀨的生活方式讓我們意識到心靈上的滿足才是最重要的事情，這也是朝向簡單生活邁進的一種方法。

將撿拾的石頭與葉片等放進舊玻璃盒，作為窗邊的裝飾。

窗簾使用喜愛的印度手工織布khadi，材質與透光性都讓人感到心情舒適。

rule 1

顏色不要過多，活用白色基底

不擺放不喜歡的東西，這是廣瀨的生活原則，顏色也是一樣。
色彩花俏的物品容易讓空間看起來雜亂，使心情煩躁，
因此刻意減少空間的顏色，並活用白色的基底。

容易改變空間印象的電視，不固定在矮櫃上，保持可隨意移動的狀態，恰如其分的與白色空間融合。

廚房置物櫃適度地採用開放式收納。利用卡其色與灰色等沉穩的顏色，搭配白色與木頭色，讓整體空間仍保有簡約感。

餐具幾乎都是白色，沒有彩色

「白色餐具百搭又看不膩」，另外還有一些是餐具作家的作品。並沒有特別作調查，但只要看見喜歡的餐具就會購入。

避免色彩鮮艷的包裝

盥洗室的收納櫃內部。以天然成分為主的化妝品等，包裝設計皆十分簡單。唯一一個顏色較鮮艷的隱型眼鏡清潔用品，可將標籤撕掉後再使用。

貓的餐具也是白色系

比照自己要用的標準為愛貓ame精心挑選的餐具。將貓食放入在生活用品店「日用日」所購買的鋁箱中，避免要露出花俏的包裝袋。

懷舊風的廚房配備。在不破壞風格下，以方
便又實用的Ｓ形掛鉤吊掛必備的廚具。

一旦碰上喜歡的樣式或質感，便會買下不同的顏色。棉T和喀什米亞背心是從無印良品購入。「衣服絕大部分是白、灰、深藍、米白等顏色。由於我覺得色彩鮮艷的衣服穿不久，所以幾乎不購買。」

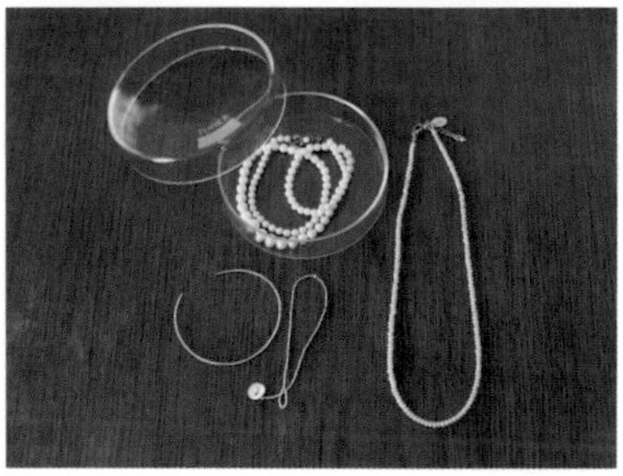

衣服簡約，就少不了飾品點綴。低調搭配母親送的珍珠等首飾。

「如同制服般，每天穿一樣的衣服也沒什麼不好。」不會不停地更換，也不追逐流行，只選擇穿起來舒適的衣服。連身裙是同款式不同顏色的Indigo planet。

rule 2

瞭解自己的「喜好」，跟著心情走

重要的不是「別人覺得怎麼樣」或流不流行，
而是自己喜不喜歡，認清這個標準很重要。
要正視自己想要的物品，重點在於自己「喜歡」，而非他人的看法。

「為了享用最愛的紅茶」，而有多把用來沖泡紅茶的茶壺。挑選茶葉容易上下「跳躍」（jumping）」且帶有刻度的茶具，以追求美味。

廣瀨在二十五歲之後就決定要作自己喜歡的工作，為了呼應這份心情而持續地寫作，也出版了三本作品（如右圖所示）。

心儀的Globe-Trotter行李箱，重量輕、造型簡單，內側也沒有多餘的設計。

rule 3

執著於「應該要這樣作！」而過度努力

「因為決定要這麼作了」，一旦被自己訂下的規則所束縛，很容易會淪為偏執。
只要事先詢問自己：「這麼作是為了什麼？」
就不會過度努力，心情也會跟著變得輕鬆。

「有時會無所事事的放空，若是以前會討厭這樣的自己，現在卻覺得這種時刻十分重要。」不要太拚命，偶爾放鬆也很不錯，自從有了這種想法，就算事情無法按照計畫進行，心情也不會忽上忽下，思緒變得簡單許多。

以前會嚴格遵守「長壽飲食法(Macrobiotics)」，現在則放寬標準。喜歡在晚上吃一些早餐類的食物，比方如說簡單吃個稀飯。「晚上若是睡得很熟，早上醒來就能神清氣爽。」

為了使早上起床時就能擁有好心情，在晚上就寢前先將桌子整理乾淨是廣瀨的style「就算作不到也不勉強，畢竟又不是機器人。」

將物品隱藏或外顯？
充實又簡單的生活，源自於這兩者之間的界線

klala生活雜貨鋪主人 **滝沢綠**

在東京三軒茶屋經營生活雜貨鋪klala，精選國內外作家的餐具、基本款的生活用品，及簡約衣服等增添生活趣味的各式商品。活用木頭紋理的店鋪十分雅致美麗。夫婦二人居住於神奈川縣。http://www.klala.net

置於起居室桌面上的是枝葉奔放的麻葉繡線菊，用來盛裝的花器則是舊玻璃瓶。從灑落滿室陽光的窗戶向外望去，還可以欣賞到庭院的花草。

滝沢綠與先生住在郊外住宅區的中古華廈內，環境十分清幽。讓人印象深刻的起居室內有一扇引進充足陽光的大窗戶，及精挑細選的家具。環顧四周，會發現室內具備眾多的收納空間，由於收納空間幾乎都是特地訂製，且突出於室外，因此室內完全沒有壓迫感。

「工作上已經被許多物品包圍，所以希望住家的物品越少越好，也能讓空間顯得更簡單。這棟房子原本就有不少收納設施，我們在入住前也作了整修，並於臥室的牆面上另外作了衣櫃。」

就算是再喜愛的物品，也不要將它擺放在外面。為了貫徹這個想法，就連最愛的鞋子也必須遵守「一人只能在玄關放一雙鞋」的規定。脫下來的外套或大衣，吊在掛衣鉤一個晚上後就得收進衣櫃內。即使是為了方便快速取用，而將料理用具擺放於外的廚房，依舊會利用抽屜或廚房布巾等整理得十分清爽。

根據物品的外在包裝，執行與「隱藏式收納法」相同的模式。

「由於每天都會使用碗盤、衣服及洗手的清潔用品或柔軟劑，因此只要對外在包裝不滿意，就盡量不購買，以免影響心情。」

若不喜歡物品的包裝，但又非使用它不可時，不妨採取「隱藏式」的收納方式。換裝到其他容器也沒有問題的浴鹽和蘇打粉等，直接將收納罐更換為大玻璃瓶，置於浴室的入口旁。每天的生活，都是從無數的細節中累積而成。不抱持「差一點還好吧」的妥協心態，就能迎向開心自在的簡單生活。

在盡其所能隱藏物品的居家空間中，季節性花草植物是唯一被允許「露臉」的物品。滝沢固定每週一次，都會去附近的花店購買新鮮花朵。

「由於娘家的家裡一直都會擺放盆栽或插花，耳濡目染下，我從小就特別喜愛植物。廚房流理檯的旁邊和地上、玄關、書架等，希望家中到處都可以看見花花草草。」

將物品隱藏或外顯，只要在兩者之間劃下一道清楚的界線，就能讓生活變得既簡單又豐富。

陽臺的門框與門窗統一漆成黑色，為空間注入微妙氛圍。EXIT的字樣令人為之莞爾。

書架的一角只擺放少數物品，是特別喜愛的小收藏品。

選用觸感良好的亞麻材質廚房布巾，不僅可以擦拭餐具和手，也常用來遮蓋物品。

由於廚房兩邊皆有窗戶，採光相當良好。常用的餐具放在Tsé&Tsé associées的餐具架上，其他則收進流理檯下方的抽屜內。

rule 3

選擇裝飾用花草植物，數量繁多也OK

喜愛花朵與綠色植物的滝沢，每週都會去花店一次，
挑選一些喜歡的季節花卉帶回家。客廳選用比較大盆的植物，
其他空間就以小型的花草點綴。簡單的居家空間將植物襯托得更為出色。

右：書架上的三色堇。一開始是放在微波爐上，接著移至流理檯，再來換到書架上，隨著花朵數量減少而更換位置。中右：流理檯旁的綠色小盆栽。由於日照良好，枝葉相當茂盛。中左：書架四周是盆栽區，特意擺放兩盆形狀十分有趣的鹿角蕨。左：玄關處擺放插在小花器內的季節性花朵，讓人在踏進家門時就能放鬆心情。

隨興插在玻璃瓶中的陸蓮花與尤加利。剛買回來的花草都會先裝飾在廚房，讓每天作飯或泡茶時，都能享受到美麗的風景，除了賞心悅目之外，也令我感到很幸福。

rule 4

不囤積日常用品

滝沢經常等到清潔劑及衛生紙等容易囤放的生活用品即將用盡，
才會前往補貨。當物品快沒時才會再購買，
是一項預防囤積物品的好方法。

碗盤清潔劑及洗手皂等，可至到幾乎無法使用時再補充即可。東日本大地震時曾因家中沒有存放衛生紙而感到有點焦躁，但現在依舊不會買回家囤積。

重視心靈富足的生活方式，才能形塑出簡單生活。

不定期展出的「NOMADIC CIRCUS」主持人 **大内美生**

抱持「想介紹能增添日常生活色彩的美麗人事物」想法，成立了NOMADIC CIRCUS，不定期展出各種簡約的手作品。夫婦二人居住於東京近郊。
http://www. nomadic-circus.com/

圖中的雕塑是攝影師真野敦所拍攝的作品，由雕刻家兼子真一打造而成。季節性野草也是不可或缺的裝飾。

不問新舊，也不拘泥於東方或西方，以喜愛的物品所打造的空間。牆壁刻意留下大片的空白，以享受留白之美。

大內美生就讀美術大學，除了學習空間設計之外，還曾在與所學相關的建築雜誌、裝修公司、家具店等工作，目前主持不定期展出的NOMADIC CIRCUS藝廊。「大學及工作上的朋友，有不少都是『手作族』。這讓我興起成立一個群組的念頭，專門介紹一些介於為興趣而作的手作品與大量流通後逐漸失去趣味的市售品之間的商品。」

正如主持藝廊的敏銳眼光，在大內美生和先生一起生活的華廈住宅內，陳列著以獨特審美觀挑選的家具、藝術品、生活雜貨和復古家具等，搭配出各自的魅力與風采，令人為之驚嘆。不同於東西極少的簡單生活，透過「間」（ma，繪畫的留白、音樂的停止、舞蹈的停頓都可以叫作「間」。）或「留白」的絕妙配置，讓空間顯得更加清爽簡約。

「從日常生活中用心感受『間』或『留白』之美。例如，在快要無法抵抗物欲時，就想像『有』的生活與『沒有』的生活之間的差距，體會保有留白的生活魅力。」另一方面，大內認為既然是生活，就難免會有堆放物品之處，不如事先設定哪裡盡量少放東西、哪裡可以適當放置，有意識的區分強弱，以保持留白。

「我認為所謂的簡單生活，不是指物質上的富裕，而是要使心靈富足的生活方式。」在日常生活中留意行事曆，順應二十四節氣生活，吃當令蔬菜；以野花裝飾，用心過生活。雖然不是什麼了不得的事，大內美生卻感到內心十分富足，生活也隨之變得簡單。

「花時間自己動手作，並尋思如何改進生活。在日積月累下，心靈也會逐漸變得豐富。小寶寶很快地就要報到，生活應該會變得很不一樣，我希望能一邊享受變化，一邊繼續屬於自己的簡單生活。」

會選擇客廳旁邊有設置和室的住宅，是為了要配合作為擺飾的日本行事曆。此處的留白亦襯托出裝飾物之美。

rule 1

在「間」與「留白」中發現美

由「間」與「留白」所孕育出的美。
在家中打造留白空間，培養感受箇中之美的心態，就能克制物欲。
在「無」的生活中感覺美，開啟大內的簡單生活。

客廳牆壁上唯一的裝飾品是一幅將兼子真一的素描以刺繡表現的作品，周遭空間的留白讓作品更顯突出。

rule 2

不吝惜在生活中投注心思與時間

親自動手作、花費心思改進空間設計，
不嫌辛苦或麻煩，即使不追求物質的豐富，
也能對生活產生深刻的依戀。

和妹妹一起製作的蜜蠟香氛蠟燭，「可以將空間轉換成放鬆的場所」。在peker chise的商店中販售。

利用作窗簾剩下的marimekko碎布縫製成項鍊。將碎布改造成有價值的物品，毫不浪費的態度非常棒。

當喜歡的Minä perhonen衣服已經不能再穿，但又捨不得丟棄時，就將它作成書套，既可以繼續使用也讓人加倍愛惜。

大內經常更換擺飾，以享受季節感。配合正月、七夕或重陽等節慶，低調裝飾應景小物。

將撿拾的木板當成壁龕位置的裝飾桌臺，桌腳是從骨董市場買回來的爐腳架。上頭擺放的石頭各自擁有不同的故事，它們的存在也因留白而顯得更美好。

自製食品不會有多餘的添加物。最前面是為了最愛的咖哩而自行調配的咖哩粉。味噌及燕麥片也是親手製作。

化妝品也選擇天然素材。「請挑選自己買得起的化妝品，不必勉強購入。」防曬乳使用pax naturon、底妝用naturaglacé。

對大內而言，塑膠製品相當不天然。雖然無法完全避免不用，但會盡可能挑選以天然素材製作、外觀相對簡單樸素的商品。

rule 3

不購買有過多添加物＆不天然的物品

食品中所含的化學調味料或防腐劑、清潔劑
與基礎化妝品中使用的化學成分、塑膠袋，及過度包裝等，
不購買有過多添加物或不天然的物品，也是簡單生活的一環。

舊抹布與淘汰的牙刷作為掃除用具，蛋殼則用來清洗細口瓶。將保冷劑剪開，倒入其他容器後放在玄關，就能作為除臭劑使用。將物品回收後再利用，就可以不必另外添購用具。

牙膏、洗髮精和肥皂的使用標準是不含對環境及身體造成負擔的合成物。基礎保養只有一瓶荷荷芭油，不需要太多瓶瓶罐罐。

鍋鏟、飯匙及砧板都挑選天然材質，不使用矽膠或塑膠製品。原因在於使用天然材質的用具能讓心情愉悅，也能感受到烹調時的美麗風景。

由白色箱子與木板組成的餐具櫃。餐具雖多，但只要顏色和材質一致就不會使空間顯得凌亂，簡單樸實的外觀也讓人感到顯得很清爽。

由於空間狹小，基本上每天都要進行打掃，「連角落都能顧及，感覺很棒，打掃起來也很愉快。」

空間狹小不等於減分，
反而能享受舒適的簡單生活。

平面設計與coffee&bar茜夜的主人 **柳本あかね**

從事平面設計，並於東京飯田橋兼營coffee&bar茜夜。在經營店鋪的過程中，磨鍊出運用袖珍尺寸的生活用品與空間的智慧。著有《在「茜夜」的簡單生活小廚房》等。夫婦二人居住於東京都內。http://www. akane-ya.net

柳本與先生兩人原本是住在兩層樓的獨棟住宅中，約在半年前，才改搬到僅有一房一廚、約30平方公尺的套房。

「由於獨棟建築的結構老化，我們決定要搬家，剛好趁此機會，我想體驗一下究竟可以住在空間多狹小的房子裡，才會選中了這裡。雖說有一間約兩個榻榻米大的儲藏室，但也費了很大的工夫才整理好家當。多虧如此，讓我們知道適合的生活空間究竟是多大。」

能夠成功將狹小的房間打造成舒適空間，也不會讓人感到擁擠，這都要歸功於展現於各方面的收納巧思。如同玩遊戲般，充分地在有限的空間內玩耍。

「比方說，衣櫃用來放書、內衣收在玄關等。雖然旁人會感到詫異，但對我們而言卻是最方便的方法。由於收納空間有限，就近放在要使用的地方，成為一個原則。」

此外，很多日常用品也購買袖珍尺寸的商品。「調味料和便利超商的一樣小，化妝品也愛用旅行包的大小。既不占空間，還能趁新鮮時用完。即使有人勸說買大的比較划算，我也不會動心。」

之前住在獨棟住宅時，曾在一樓開設咖啡店，現在則在其他地方經營coffee&bar。袖珍尺寸生活用品的便利性，在廚房的感受尤其深刻。

「使用小V形夾與兒童筷，就能輕鬆地處理食材。單柄鍋亦可代替牛奶鍋，由於具有一定的深度，足以煮兩人份的味噌湯或燉煮。平底鍋也特意挑選容易舉起的袖珍尺寸，讓炒菜變得更輕鬆。」

對比袖珍尺寸的日用品，房間內的大矮桌帶來極大的存在感，其實這裡也在活用空間上下足了工夫。「有個大桌面，兩個人就能同時在這裡工作，一個人的時候，也能放下手邊的工作直接在桌上吃飯等，可配合用途有效利用。而之所以挑選矮桌，是因為不需要椅子，且視線朝下，會讓房間顯得較寬敞。於矮桌底下鋪設榻榻米墊，就能當成放鬆的角落。」

經常逆向思考的活用小房間的優點，並享受舒適生活的柳本說：「就算不喜歡，還是一眼就能將房間看穿，因此激發了想要隨時保有好心情的動力。能夠完全掌握家中的一切，方便收拾整理，也只有袖珍尺寸才可以辦到。」

越使用觸感越好的日式手帕。可以在清掃時用來擦手或當廚房抹布等，用途眾多。使用完畢後立即清洗，需要風乾的時間也很短暫。

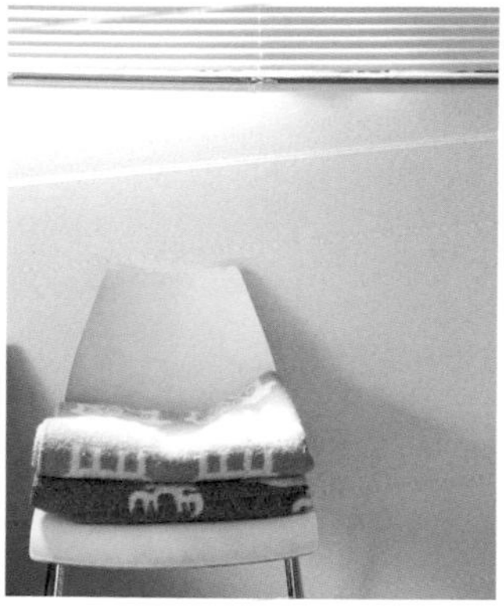

家裡只有一張Vico Magistretti設計的Maui椅。這張柳本買的椅子，每次搬家時都會帶著它。

愛貓sakura個性溫和。整理得乾乾淨淨的室內，完全感覺不到有養寵物。

rule 1

打破固有觀念，將物品放在方便使用的位置

柳本家的收納原則是，就近放在要使用之處。
就算旁人覺得位置很奇怪，
但只要能配合兩人的動線，使用時就很方便。

將衣櫃當成書架。由於夫婦兩人都很喜歡看書，將衣櫃當成書架後，就能不必擔心無處收納。一旦架上放不下時，可將整理後的舊書帶去舊書店。

浴巾就掛在浴室門口，完全符合「將物品就近放在要使用之處」的原則。活用橫桿、燕尾夾及S形掛鉤。

起居室的收納櫃中放置熱水瓶、咖啡滴漏壺、茶壺等各式沖泡用具，又是一個「物品就近放在要使用之處」的例子。

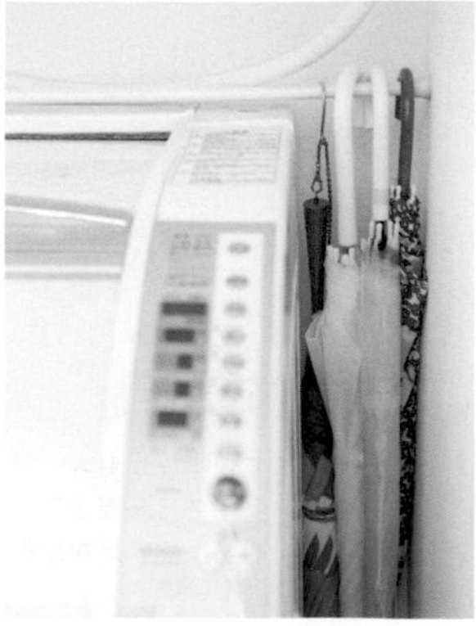

專門設置一個地方放置雨傘有點浪費空間，於是利用洗衣機旁的死角與橫桿作成傘架。

rule 2

所謂普通的尺寸，就是袖珍尺寸

「大的比較划算啦」、「大的還可以當小的使用」，
因此而購買不適合生活型態的物品，導致使用不完，
不僅十分浪費，也很可惜。因而選擇袖珍尺寸的想法，真是令人驚喜。

由於廚房空間很小，作飯時就將摺疊桌打開。平底鍋及飯匙等都是在百圓商店購入。

一杯至兩杯量的咖啡滴漏壺。在這種容易讓人陷入「大的可當小的使用」的情況下，柳本家仍堅守買小原則。還有可愛的De'Longhi橘色熱水瓶。

調味料及咖啡是便利商店常見的小號商品。不常用，但沒有又覺得少了點滋味的美乃滋，袖珍尺寸剛好可以輕鬆用完，令人感到十分開心。

護膚用品只購買洗手檯上方櫃子可容納的份量。旅行包大小的化妝水約能使用兩週，等用完後再繼續購買。

上：由於浴室緊鄰玄關，所以將內衣放在鞋盒內（從上向下數第五、六層的白色盒子）。因為放置了竹炭，不必擔心異味或濕氣。下：在玄關鋪設細長木板，方便洗澡後光著腳去拿內衣。

這邊放筆電，那邊是縫紉機，在這張大桌上完全不會相互干擾。桌子直徑約160cm，松木材質。

rule 3

為了有效活用空間而刻意挑選大桌子

「桌子要大！」這是夫婦倆的共識。
若大到能同時進行多項工作，就能有效利用空間，即使房間狹小也不會產生壓迫感。
結婚之初就訂製的矮桌，一直使用到現在。

在木地板鋪設正方形榻榻米，模擬和室風格。從窗戶灑落的舒適陽光，讓貓咪sakura也很喜歡。

右邊是臥室的照明，左邊是起居室的照明。桌燈也能配合用途調整方向。

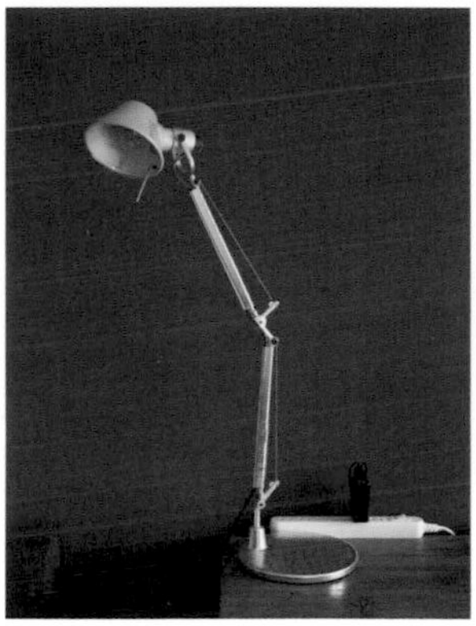

床邊是Artemidc的桌燈，能自由調整方向與角度，非常實用。天花板正中間則是IKEA販售的新潮設計吊燈，燈管閃耀發亮。

rule 4

將燈光當成隔間

天花板上有三盞燈，
只開窗邊兩盞，表示現在是起居室，換成床邊兩盞時就是臥室。
以明暗光線取代會讓房子顯得更小的隔間，使用方法也很簡單。

rule 5

喜歡穿的和服也簡單化

因為木棉和服而愛上穿和服。
和服疊放時並不占空間，再搭配小物就能產生無限的變化，
不僅穿起來愉快，也喜歡它的簡單與合理性。

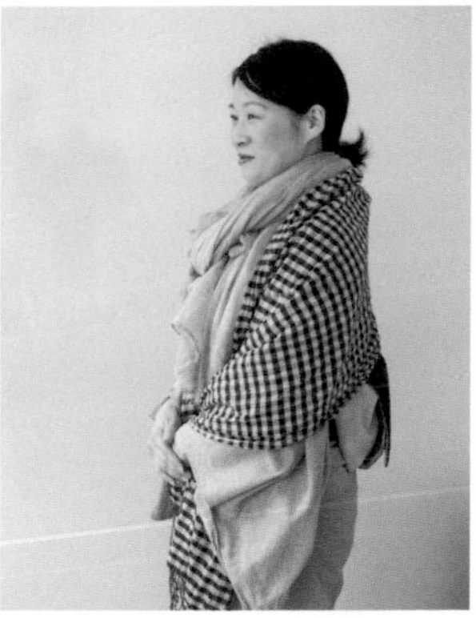

會對和服產生興趣，是因為十年前住家附近開了間和服屋。自此就樂於使用和服裝扮，以能夠簡單穿上身的木棉和服為主。上：層層疊疊的和服比想像中保暖。披上西式的圍巾取代外套。下：腰帶是木棉材質，散發休閒風味。

善用帶揚（obiage）、帶留（obidome）及帶締（objime）等腰帶小配件搭出變化。收納籃是從小就使用的物品！

我認為簡單生活，
是從思考適合自己的物品開始。

日日花插花教室主持人 **雨宮ゆか**

除了在東京大田區的工作室開設插花教室之外，也於雜誌與書藉等介紹植物與生活，並撰寫文章。感受季節，配合日常生活選擇身旁可見花草的插花方式，獲得一片好評。與攝影師先生秀也居住於神奈川縣。http://www.hibihana.com

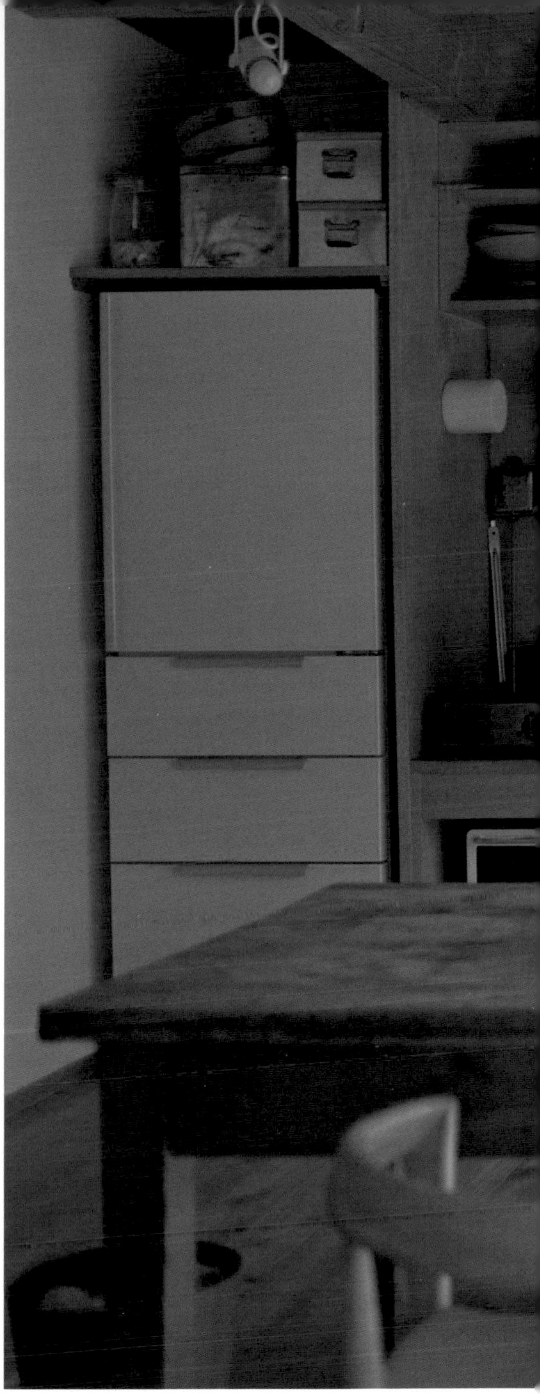

讓人會脫口說出「廚灶」而不是西式kitchen的懷舊風廚房。住家坐落於神奈川縣，周圍綠意環繞，約五年前所興蓋，設計者是建築師中村好文。

建造時曾要求蓋一間像「小木屋」的家。

流露「簡樸之美」的居家擺設。日本舊時吊燈是建築師中村好文所贈送。

即使待在屋內，一樣能感受到緊鄰戶外的豐富自然景致。住家雖然簡約，但木頭的溫度及素材感，讓人彷彿置身奢華空間。不甚寬敞的建築，不知道該歸功於通穿的設計，還是充足的陽光，處處散發著令人心情舒暢的開放感。

主持插花教室的雨宮，以身旁可見的花草裝飾住家，植物生氣盎然的姿態，令人印象深刻。插法非常簡單，使用多種類型的花卉，採取對局方式，只插一、兩根，「我希望每一朵花都能被仔細地欣賞。因為是將好不容易長成的花草剪下，希望能讓人感受到唯有剪下後才會出現的趣味性。」雨宮運用花朵造型，及每一根都獨一無二的莖或枝的動感，熟練地插出花草之美。

為了享受簡單的插花方式，清爽的空間不可或缺。雨宮在裝飾花朵前，一定會先將四周收拾整齊。客廳牆壁、餐具櫃一角、玄關牆壁是固定的花之舞臺。「我認為若事先選好隨時都能擺放花朵的位置，即使只有一處也好，就會降低裝飾花朵的困難度。」之後就會形成良性循環，進而有動力讓空間保持簡單清爽。

雨宮家形成簡單生活的另一個原因是：家中沒有多數家庭都擁有的物品。首先是沒有電視，再來是電鍋、烤麵包機、沙發、月曆、時鐘……「想清楚哪些物品是生活必需，哪些物品則沒必要擁有，就算沒有也沒關係。處在什麼都有的社會，不經深思的購買，結果只是囤積一堆物品罷了。」話雖如此，雨宮真正的意思是持有的物品要符合自己的生活方式，這才是最重要的事情。「生活總是不斷地在改變，每當改變時，我都會認為改變也不錯。」

rule 1

營造映照花朵的舞臺

好不容易裝飾了花朵，但四周卻凌亂不堪，只會顯得白忙一場。
請記得將擺放花朵的四周收拾整齊，
隨著插花習慣的養成，房間也會變得越來越清爽潔淨。

原本常用來放電視的位置，現在擺上復古風小桌臺，當成花的舞臺。能好好地凝視散發季節感的花草，是雨宮流的插花方式。瓶中目前正插著海棠，靠瓶口的是三色堇。

餐具櫃的一角也是花的舞臺。右邊的藍花是樓斗菜，盛開的季節是初夏。左邊則是撿拾的枯枝與果實，讓人感受到一股秋意。一月時還會加上生肖飾品，三月則改放女兒節飾品。

玄關位於通風良好之處，緊臨門扉的牆面也會固定裝飾花朵。若找不到類似櫥櫃的平面位置，可使用壁掛式花器。目前牆面上插著忍冬與編笠百合。

存在感十足的餐具櫃是好友割愛而來。上層的右下方是裝飾花朵之處。「一旦放了其他物品就不能插花了，所以我刻意將這一格空下來。」

沒電視也沒沙發

結婚時，先生就說：「不需要！」沒電視就不會浪費時間觀看，想放鬆時也有椅子可以休息，或直接去泡澡，這樣就已經足夠。

不使用電子鍋

使用鐵鍋就能煮飯，不需要購買電子鍋。鐵鍋煮出的飯相當美味好吃，又不必持有自己覺得不好看的物品，可說是一石二鳥。

冬天也不穿拖鞋

冬天一樣有暖和的日照，加上無垢實木地板不像合板那麼冰涼，可不必穿拖鞋。以雙腳去感受木材的質感，會使心情特別好。

rule 2

不持有與自己生活方式不相符的物件

不經深思、理所當然地認為本來就該擁有，只會讓東西越積越多。
不持有的理由是沒必要使用、能以其他物品替代，或不好看等，
總之，只要覺得不符合自己生活的物件，就沒必要擁有。

不是最新型的瓦斯爐也OK

「Rinnai（林內）」的業務用瓦斯爐。與其購買不喜歡的新款，這個反倒和住家氛圍更相配。

不需要麵包機

早餐的麵包以荷蘭鍋溫熱。這是某天發現的新巧思，「雖然沒有烤吐司機，但這種烘烤方式也很不錯喔！」

不使用洗碗海綿

以「びわこ」布巾清洗餐具，可直接洗去油污，所以不常使用清潔劑，也不使用洗碗海綿。

rule 3

敏銳察覺季節與自然的變化

栽種的花草植物、蟲鳴鳥叫、下雨聲、光影變化……
以耳朵與眼睛留意自然的變化，就能敏銳察覺季節轉換，整個過程都會非常地充實。
由於隨時都能保有新鮮感，因此不需要多餘的物品。

捨棄瓦斯，以木材燒洗澡水，在過程中體會季節變化。凝視薪火，感覺更貼近自然。收集木頭、劈柴、起火，每個步驟都樂在其中。

從庭院栽種的植物也能感受出季節的轉換，與植物一同享受大自然的恩惠。春天處處冒出新芽，接著開花結果；冬天枯萎，再開始新的輪替。「夏天除草很辛苦，但不動動筋骨，還會覺得不舒服！」在談笑中流露出對生活的熱愛。

陽光穿入的長度與落在牆面的影子，都會隨著季節與天氣不斷地變化。搬到這裡後才發覺，大自然的變化竟然如此豐富。

沒有不必要的物品，也沒有「好像還可以」的物品。這是我對簡單生活的定義。

建築家 **青木律典**

兼顧生活與創意，不犧牲任何一方的建築師，在自己的生活中體現簡單設計的優點。「住宅是生活的地方，不是作品，能夠好好地過生活才是最重要的事情。」和妻子與長男三人居住於神奈川縣。http://www.norifumiaoki-studio.net

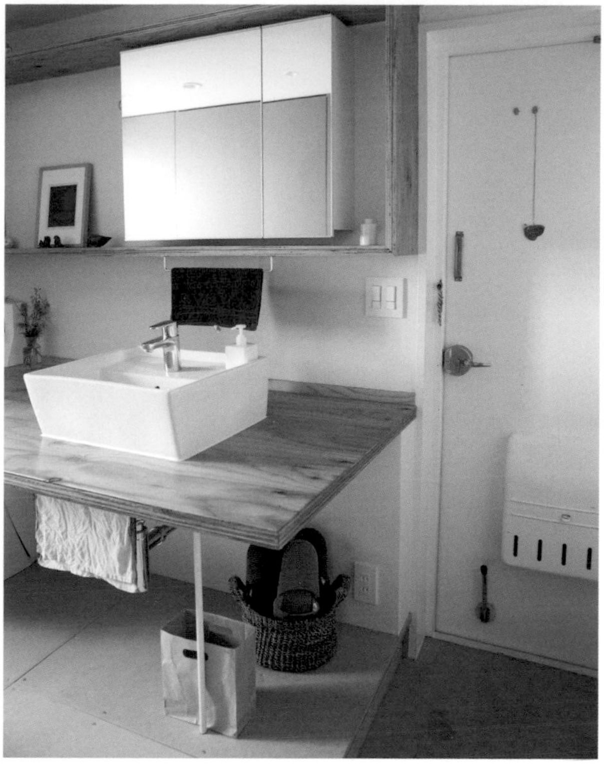

青本家最教人吃驚的是盥洗處和玄關之間沒有以門隔開，希望藉此挑戰「不必要的物品就不要持有」的原則，並使空間盡量保持簡約。由於視線未被打斷，也讓空間顯得更加寬敞。

重新裝修的中古公營住宅，使用拉門以增添和風氣息，空間呈現簡約線條的設計之美。

建築師青木律典搬到這個由自己親自設計，並重新裝潢的住宅已經兩年多。57平方公尺大、2LDK，將其中一個房間當成事務所，絕對稱不上寬大，但歸功於不浪費空間的設計，營造出開闊感，再加上物品收拾得井然有序，讓整體風格顯得十分清爽整齊。

「其實我是搬到這裡才開始簡單生活，以前的住家物品繁多，讓人感受到不小的壓力。因此在規劃新家時就和太太商量，對持有的物品設定上限，讓生活變得簡單。」

不要因為物品眾多才挑大空間的住宅，而是應該選擇對自己而言最舒適自在的空間尺寸，之後再決定要持有哪些物品。以前有許多物品一直收在箱子裡，占據了不少的空間，「住到這裡之後就開始按照自己的意思，只挑選必要的物品，避免物滿為患。也容易記住物品擺放的放置，不必再花時間翻找。」

對原本不是簡單生活的人而言是個大轉變，青木夫妻在每天的生活中實際感受簡單生活的優點。另一方面，他們自知並不擅長收拾整理，正在努力學習中，利用裝飾藝術品與花草、邀請人到家中等方式，讓維持家中整潔的動力不要消失。「過去租屋而居，因為無法好好整理環境，乾脆就放棄不作，但如今已經建立起良性循環，會時時提醒自己整理房間。」

青本律典認為建築師不僅是設計住宅與空間，還必須涵蓋生活本身。正因為如此，在確實訂出收納量之後，挑選物品的標準變得更加嚴格，只要稍有猶豫就不購買，避免衝動購物。物品越少，越不妥協。享受簡單生活的第一步，就是好好設計自己的生活。

廚房器具的顏色眾多，但若以塗上砂漿的灰色牆面當作背景，擺放物品時就不會產生違和感。

rule 1

以白、黑、灰色調為主，不添加干擾色

儘可能避開耀眼的色彩，以白、黑、灰色作為基調。
節制用色，除了能讓空間不顯雜亂之外，還能統一整體色調。
不放置色彩鮮豔的物品，與空間色系不相配的物品也可以直接隱藏，力求簡單的生活空間。

辦公室用品挑選黑或白色，打造簡單大方的設計。桌燈是BSIZE，椅子是Arne Jacobsen的設計。

右：廚房開放式層架上的餐具，採用外顯式收納法，餐具幾乎都是白色或黑色。除了吉田植嗣、安藤雅信的器皿之外，Food MUJI也是愛用品牌。中：餐桌上的吊燈是Louis Poulsen的產品。左：因為想要儘可能減少生活感，於是以野田琺瑯的保存容器取代廚餘三角架。

衣著也是同色調
喜歡的物品
有共通性

服飾和居家一樣，也以典雅色調為主。看到喜歡的物品會毫不猶豫地買下，但不會在打折時購買，採取量少質精的態度。外套和襯衫是MARGARET HOWELL、褲子是MUJI Labo，手錶是Arne Jacobsen。

只有一面牆壁是灰色的，與玄關前的小空地及廚房的壁面色調一致。選用Porter's Paints油漆，以展現顏色的韻味與質感。

從玄關處一直線連接到玄關前的小空地。盡頭處不設置收納用品而是當成裝飾場所，就是為了不讓刻意營造的延伸視線白費。

rule 2

明確地設定除裝飾外不放置其他物品的空間

提前決定好只裝飾花草與藝術品，
不再放其他物品的位置與牆面，
透過留白營造出空間的寬鬆感與簡約風格。

辦公空間的壁面。書本的數量不在限定範圍內，但就算要擴充書架，仍舊不可以超過牆面的界線。此處的留白，也為辦公空間帶來開闊感。

介於流理檯與牆面間的位置，常會不知不覺地堆放物品。這裡若能作好留白，就能提升整體空間的清爽度。

rule 3

掌握空間收納力，不額外增加收納物品

每個收納空間都有其極限。
確實地掌握收納力，一旦放不下，就必須重新審視並縮減持有的物品。
添購收納工具或增加收納空間，並非解決之道。

右：寢室吊桿上的當季衣物也必須控制數量，不能掛得太擁擠。照片上是夫妻二人合起來的衣服數量。中右：由於玄關沒有收納櫃，將盥洗處的櫃子挪出一層當鞋櫃，先生限定三雙，太太五雙。毛巾收納也只占一層。中左：調味料放在廚房流理檯下的拉籃內，無法收納的就不購買。左：餐具只準備吊櫃和底下開放櫃內的數量，不再額外添購。

沙發前面是不是一定要擺張茶几呢？Linen認為並不需要，只要在沙發旁放一張喝茶用的凳子即可。除了冬天之外，也不鋪設毯子。

客廳沒放置茶几

rule 1

沒有「該有」的物件也不錯！

沒想過是不是真的需要，只因為大家都有就跟著擺放的物品，
請試著驗證看看，即使是理所當然的物品，也未必需要。
若能事先思考是否符合自己的生活風格，物品就不會盲目增加。

因為沒裝上門，有什麼鞋子都一目瞭然。除取放方便外，也有動力讓鞋子隨時保持乾淨。

鞋櫃沒有門

洗臉檯上沒裝設鏡子

化妝是在臥室，吹頭髮在客廳，所以這裡不需要裝設鏡子。連小細節都會去思考是不是真正需要，才能控制住物品的數量。

以一片布簾取代門板。既不需要為了打開門而留下空間，也不會像摺疊門產生死角，打掃起來十分輕鬆，可謂優點眾多。

衣櫃也沒裝設門板

沒有使用瀝水籃

雖然有洗碗機，但不少家庭還是會使用瀝水籃。Linen以濾網和布巾取代瀝水籃，不使用時可以直接收起來。

rule 2

以一目瞭然的收納方式來掌控物品數量

人們很容易遺忘收起來的物品，
所以刻意將物品擺放於外，藉由頻繁的注視以掌控數量。
外顯型的收納方式，能使擺放的收納物品一覽無遺，也就不會隨意增加物品。

文具整理於盒蓋內，從架上抽出時可看得一清二楚。收納內部，比起美觀，容易看清內容物及方便使用才是重點。

左：不安裝吊櫃是因為看不到裡面放了什麼。常用的物品擺在開放式櫃子或壁上的小層架，採取「外顯型」的收納方法。右：吊在S形掛鉤上的是清洗碗盤的環保菜瓜布。市售品大部分都是彩色的菜瓜布，因此選擇由自己親手製作。

讓人放鬆心情的物品集中在沙發旁的置物籃內，採直立式收納，有什麼一看便知，也容易取放。

衣櫃內的抽屜打開後，褲子與襪子皆一目瞭然。四季要穿的褲子少到只有這些！

收納於床邊櫃子的化妝品。將化妝品直立式放置於盒子或化妝包內，就能方便尋找。化妝包的好處是旅行時可直接帶著走。

餐具就只有這些！

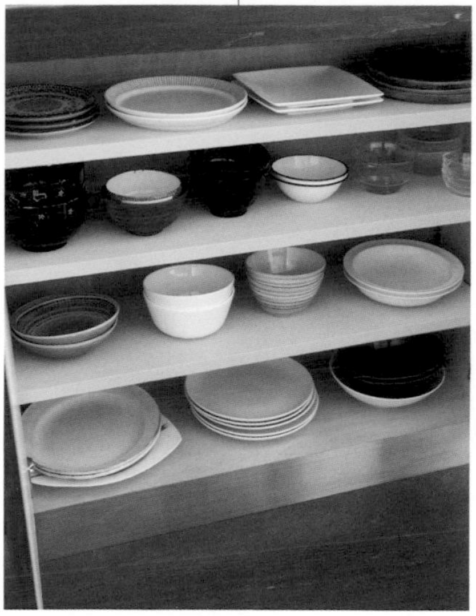

廚房檯面右側的餐具櫃。餐具的數量少，所以不必疊太高，方便拿取即可，而且每個都能派上用場。

家中只有五支筆

只放置必要的筆。餐廳的架上放了粗、細、極細各一支，廚房和廁所各一支，一共是五支筆。

不會再讀的書不擺進書架

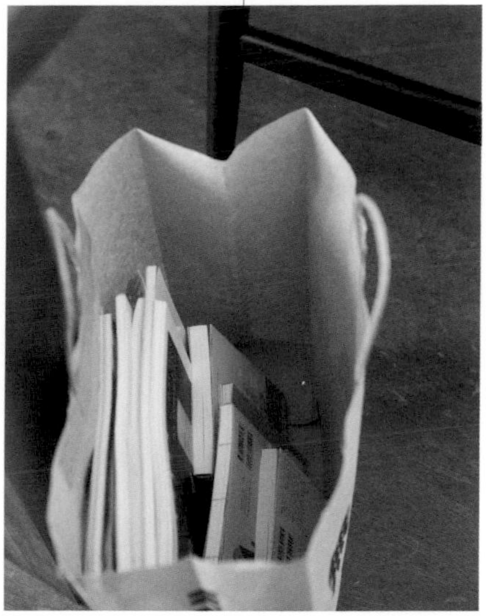

除了想再次閱讀的書之外，其餘的書本放入袋子中，直送二手書店。剛讀完比較容易判斷會不會想再讀一次，比起塞滿書架後再來整理輕鬆多了。

rule 3

養成不增加物品的習慣

日子一天天過去，稍不注意，物品就會越來越多。
若能養成不增加物品的習慣，就不需要撥出時間進行「丟掉或減量」的工作，
也不再為物品數量過多所苦。

不要將抽屜塞滿

廚房的每個抽屜內，放置物品時都有預留多餘的空間，避免太過擁擠。空的容器可用來收納茶包，倘若購買一整箱的茶包會將容器塞滿，故只購入能夠收納的數量。

購買熟悉的調味料

不購買太稀有的調味料，避免因一時的新鮮感而塞滿冰箱。只維持冰箱門掛盒可容納的數量。

以紙膠帶標示冰箱儲放的物品

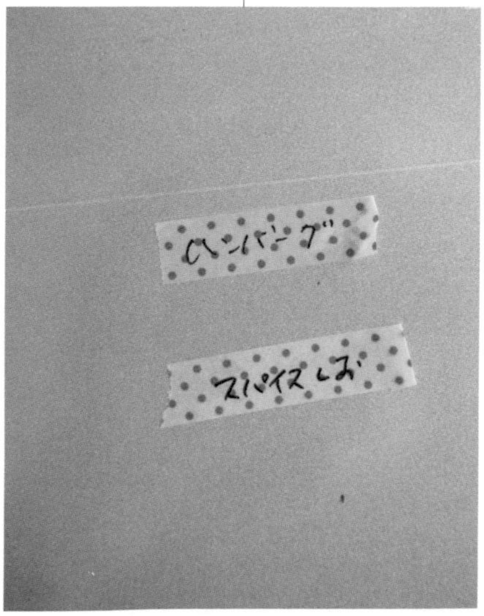

不是常常吃的食品放在冷藏或冷凍庫內很容易忘記，使用不透明的紙膠帶標示，有提醒和避免囤積的作用。

減少餐廳的用色，凸顯無垢木地板與天花板四周浮雕的特色。帶著微綠的白色牆壁因為光影投射而呈現豐富變化。

對我而言，簡單生活就是只擁有真正想要的物品，保持輕快感很重要。

雜貨鋪合夥人 **Elsa Coustals**

居住於巴黎。2014年開設雜貨鋪LA TRÉSORERIE，販售自古即扎根於法國人生活的用品，及不受時代左右的歐洲設計品。深獲每天都想擁有充實生活的巴黎人支持。LA TRÉSORERIE 11 Rue du Château d'Eau, 75010 Paris　http://lwww.latresorerie.fr

「從拿到人生第一份薪水開始，我就決定只選購擁有固定價值的天然素材、看不膩的設計，及容易使用等本質優良的物品。結果買下的每個物品都持久耐用，得以過著沒有多餘物品的生活。」身為雜貨鋪LA TRÉSORERIE合夥人的Coustals，將她的經營哲學帶入個人生活中。

一家四口居住的公寓為奧斯曼建築（Ottoman architecture），地上鋪著人字紋無垢木地板，天花板上則裝飾浮雕，這是十九世紀中葉巴黎的代表性建築風格，屋內大部分還會鋪上波斯地毯及裝飾誇張流蘇的厚重綢緞窗簾等。相較之下，Coustals的居家裝潢流露出輕快感，光與風皆可自由穿透的氛圍，令人十分嚮往。正如同看不膩的設計，對她而言，光與風也是重要元素。

「小時候住在南法的獨棟住宅，空間寬敞，有舒適的通風與採光、擺放著傳統的家具與工具……這個家就是根據故鄉的原風景打造而成。」

將住家的牆壁與天花板統一漆成白色，再加入寒色系的反差色，獨特的風格是隨父母旅行地中海島嶼時從室內裝飾中獲得的靈感。雖然人在巴黎，但希望能感受南法氛圍與度假氣氛，開朗地度過每一天。他們追求精神上的奢侈，沒想到卻發展出清爽簡單的生活風格。

「保持居家環境清爽整齊的祕訣嗎？經常邀朋友到家中坐坐是個好辦法。事前整理時會以新的目光環視屋內，很容易就找到多餘的物品（笑）。」

在個人主義的國家，自己就是主角。找出自己最愜意的方式，以自己為中心盡情享受吧！猶如巴黎女性範本的Coustals認為生活態度才是最重要的事情。

rule 1

重視風與光，演繹輕快感

讓風與光在寬廣的空間中穿透流動，
由於很喜歡這種舒服的氣氛，
因此自由地運用輕盈的窗簾、有腳家具、寒色系色彩等，營造明快氛圍。

右：使用手工刺繡蕾絲窗簾以免阻擋穿入的光線，營造輕快活潑的氛圍。刺繡蕾絲窗簾是在跳蚤市場購入，除了充滿年代感之外，也有些許脫線，但還是十分珍惜著使用。有腳的家具與地板之間有段距離，光及風都能輕鬆穿透。特意不鋪設地毯，讓空間顯得更明亮。

暖器上方是「裝飾空間」，墊塊木板，陳列收集已久的北歐花瓶，牆壁上還點綴著抽象畫作，客用椅子也成為裝飾品，打造藍色角落。

樹櫃是另一個「裝飾空間」，除了陳列北歐花瓶之外，壁上的油畫也以紅色作為重點，這裡是紅色角落。

未裝飾畫作的白色牆壁，在法國是少見的簡單風格。重視清爽感，所以地板並未鋪設地毯，反倒是沙發放了數個購自LA TRÉSORERIE的抱枕。

rule 2

刻意區分有、無裝飾的空間，以營造節奏感

牆壁基本上是留白，以保有通透感。
繪畫與創作限定在「裝飾空間」才能出現，
整合展示，極大地滿足了收藏的樂趣。

rule 3

以不同的白色作為基底

所有的牆壁都是含有些微綠色的白色，只有天花板是純白。
重疊交織數種不同的白色，空間因此顯得簡單卻不無聊，
也讓人感到舒適自在。

桌子與椅子是購入後，再自行塗上LA TRÉSORERIE的有機油漆。地板磁磚都統一漆成白色的小廚房，將北歐設計的復古風吊燈襯托得更加出色。

田園風的附紗窗櫥櫃是傳統用來儲存食品的櫃子，自跳蚤市場購入，現今當成餐具櫃使用。壁架上還放著大陶器鍋，兼具裝飾與收納效果。

廚房牆面裝上功能性吊桿，主要放置廚房用品。傳統廚房用具好看且相當耐用，購自LA TRÉSORERIE。

第一次領薪水時，在跳蚤市場購買的不鏽鋼吊架，是個充滿回憶的物品。用來收納古董玻璃杯、水晶杯及結婚禮物杯等。

很喜歡點綴在窗邊與室內的綠色小盆栽，兩者串起了室內與室外的空間，讓生活增添幾分趣味性。廚房窗邊擺放的是香草盆栽。

rule 4

挑選優質的服飾

基本色系是藍、白、灰，請選擇高品質的天然材質。
穿插單一反差色，再以小配件增添華美氣息，
即使是相同的單品也能成為約會的裝扮。

參加展示會Presentation Party

褲子同右，上半身是基本款外套內搭垂墜感上衣。英挺之餘多了幾分女性的柔美感。

場合不同，改拿& other stories的clutch包。胸前重疊的墜鍊是ISABEL MARANT，長墜鍊極大地展現了女性特質與優雅的華麗。鞋子是karine arabian。高跟、款式俐落，是正式場合的必備鞋款。

辦公室

方便活動的褲裝是基本打扮。外套是COMME des GARÇONS，褲子是ISABEL MARANT，條紋T恤是SAINT JAMES。

帆布×皮革的LOUISON包，比全皮革的包包輕，外觀十分堅挺。絲巾是HERMÈS，很適合作為配件搭配使用。平交易先鋒VEJA的運動鞋為皮革材質，不致於太過休閒。整體的裝扮風格十分舒適，就算長時間穿戴也不容易感到疲累。

豐富生活的編織提籃

編織提籃各國皆有，家中也放置了數個，有的是旅行時買的，有的是朋友所贈送。購物時喜歡攜帶幾個小的提籃，將較重的蔬菜、點心和起士等分開放置，這樣食物才不會擠壓受傷。

到餐廳用餐

牛仔褲同右，但搭配成外出約會的裝扮。個性剪裁的外套是vanessabruno的商品。

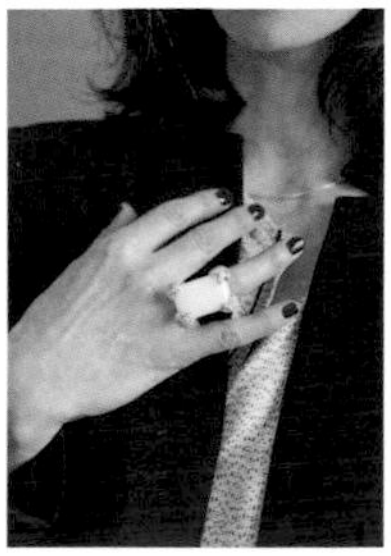

搭配具有存在感的飾品，提升裝扮的精緻度。大戒指是SWAROVSKI的古董品，包包和ISABEL MARANT披肩搭在一起，牛仔褲不反摺，讓鮮黃的repetto涼鞋成為亮點。

上市場

vanessabruno牛仔褲搭配明亮寬鬆上衣，再披上A.P.C風衣。充滿周末感的休閒風打扮。

牛仔褲反摺更有休閒感。鞋子和包包與P.58同款。日本買的編織提籃、ba&sh襯衫、COS開襟外套、HERMÈS圍巾。

被當成簡單生活的範本or啟示的書籍＆電影

底下介紹的書籍與電影，提供了重新審視生活的契機，
及有助於提升簡單生活的動力。

感受空氣感與留白之美的 寫真集與圖鑑

花、建築、古道具等，主題雖然不同，但受到留白方式與書中所流露的空氣感所啟發，找到自己的生活方式與設計指南。（P.42的青木律典）

重要、美麗、實用，以此為持有物品的標準

閱讀《ヨーガン レールとババグーリを探しにいく》，被設計師Jurgen Lehl提升美學意識只追求必要物品的態度所感動。雖然有點不自量力，但覺得彼此的想法很相近。（P.22的大內美生）

提供了 思考物品關係的契機

在電影《365天的簡單生活》中，主角重新審視滿屋子的物品，思考什麼才是真正的幸福。「受到電影中將所有的物品都寄放到倉庫，只取出必需品的作法刺激，也想試著模仿看看。」（P.30的柳本あかね）

每次翻閱 都有小發現的寫真集

居住於美國的兩位女性所拍攝的晨間風景《A Years of Mornings》。「我很喜歡她們取材日常的拍攝方式，希望自己也能創造這樣的小確幸。」（P.16的滝沢綠）

放在手邊 想一讀再讀的兩本書

《タニアのドイツ式部屋づくり》（德國式家居家收納術）及《ドイツ式シンプルに生きる整理術》（暫譯德國式簡單生活整理術），兩本書的關鍵字都是德國。「關於徹底打掃的技巧等，有許多想學習的重點。」（P.75的holon）

村上春樹與 長田弘的著作

《遠方的鼓聲》與《關於跑步我想說的是》可套用在人生的所有事物上。閱讀長田弘的書可確認「所謂重要的事就是這個。」（P.10的廣瀨裕子）

Part 2

和孩子一起生活的簡單房間

和孩子一起生活，必要的物品就會逐漸增加，單憑自己喜好所持有的物品則越來越少，很容易就覺得與簡單生活無緣而選擇放棄。但是，有一些人還是作到了簡單生活，他們一邊享受與孩子相處的時光，一邊訂定維持簡單生活的守則，這也提供了我們各種啟示。

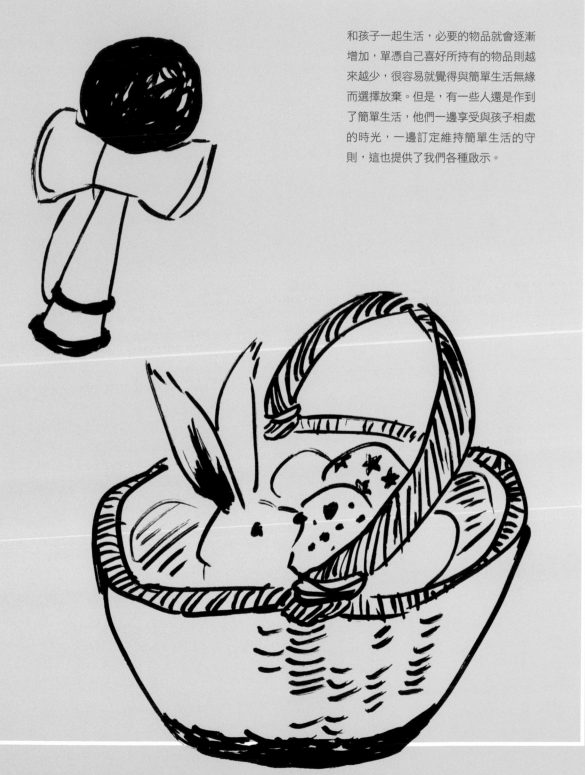

當成臥室使用的和室，只要將棉被收好，就是一個可自由遊玩的空間。不限定房間用途的傳統生活方式，就是簡單生活的訣竅之一。

最重要的是孩子能夠輕鬆舒展的空間。
物品雖少，但內心卻富足、幸福。

サンキュ！月刊人氣部落客 **のこのこママ**（nokonoko媽咪）

生活情報月刊《サンキュ！》的專屬部落客。以嚴選的少量物品與陪伴三個孩子用心過生活的點滴，累積出極高的人氣，也多次登上雜誌封面。和先生及孩子，五人一起居住於千葉縣。http://39.benesse.ne.jp/blog/1064

rule 1

重視孩子自由跑跳的寬闊感

以幼小的孩子能安全自由地玩耍為第一優先。
家具能小則小，最好可以立即移動，睡覺也是在地板鋪上棉被。
總之，目前最重視的就是空間的自在感。

從97平方公尺搬到55平方公尺的住宅，還帶著七歲、六歲及三歲三個小孩，這種狀況就算家中凌亂也是無可厚非，然而nokonoko媽咪的住家卻是近乎空蕩的簡單空間。雖然將必要的物品都收了起來，但並不顯得不足，反而使整個家洋溢著幸福光環。

「以前家裡有許多擺飾，曾以可愛風的室內裝潢為目標。但是當我拉高分貝責罵孩子時，不經意地環顧四周，感覺與自己當下的模樣有不少的落差。所謂的『可愛風格』，變得既荒謬又可笑。」再者，數量眾多的物品容易堆積灰塵，又難清理，於是從擺飾等著手，慢慢地將物品減少。之後要搬到比較小的房子前，又作了一次整理。「當時家中真的堆滿了無用之物。」

當物品減少後，生活一下子變得輕鬆了，nokonoko媽咪開始見識到簡單生活的魅力。住家不僅因此散發開闊感，鍾愛的復古風家具及道具也與空間相互映照，看起來熠熠生輝。nokonoko媽咪這才察覺少量物品的空間，比什麼都舒適自在！孩子們也能自由自在地跑跳玩樂。「並不是物品多就不好，只是我希望生活中不會有令自己失望的『嘆氣點』。因為家中的物品少，不只減少了嘆氣點，也讓我覺得舒適自在。」

現在的家比以前小了將近一半，但不將這件事當成藉口，而是正向看待，在一心想著要愉快生活的過程中，摸索出現在的生活風貌。nokonoko媽咪認為就算物品稀少也沒關係，只要一家人都能幸福自在的過日子，這才是最重要的事情。

廚房旁的房間。摺疊式矮桌可收進壁櫥，「孩子們連坐墊都覺得礙事」（笑）。

rule 2

挑選喜歡的實用品，就不需要裝飾性的雜貨

物品稀少，又沒什麼裝飾品，容易使空間流於單調枯燥。
倘若能購買兼具美觀與實用性的日用品，不僅自己在使用時得以心情雀躍，
就連空間也多了幾分活潑感，便不會增加多餘的物品。

日常使用的竹篩與竹籃，是價錢稍貴的耐用天然材質。小小的奢侈不僅讓生活變得豐富，作家事也變成快樂的事。

將玩具收進竹籃。竹籃的重量輕、不容易壞，又能適度遮地住鮮艷的色彩，等孩子長大後還能再挪為其他用途，可謂優點眾多。

壁櫥內放著在復古家具店內購買的抽屜櫃，收放工具及文具等。拉開壁櫥門時所呈現的光景令人十分喜愛。

女主人深受復古家具的氛圍所吸引。散發懷舊韻味的餐櫃即使未擺放任何裝飾也不顯枯燥，用來瀝乾餐具的竹簍也是喜歡的日用品。

rule 3

不持有不使用的物品

沒必要因為大家的家裡都有，
而強迫自己購入不使用的物品，所以nokonoko媽咪的家中
並沒有微波爐、烤箱及廚房收納推車。

西式房間裡放著三只行李箱，藉此將空間裝飾成喜歡的風情，行李箱兼具美觀與實用性，是非常棒的收納用具。由上而下分別收納孩子的積木、先生不太常穿的衣服及戶外用品。

不使用收納推車或廚房櫃

將餐桌當成廚房櫃也符合工作動線。不抱怨「地方太小放不下」，善用現有資源，就能過著愜意的生活。

不使用烤箱

因為沒地方放置烤箱，所以使用烤肉網烤吐司。「以烤肉網烘烤吐司不僅十分快速，收納時還不占空間，具備很多優點呢！」

擺在客廳的真皮沙發。不鋪設地毯，可以充分享受楓木無垢地板的舒適感。

用心打造值得珍惜的空間，以便充分享受「不持有的生活」。

編集 **橋本（小姐）**

在出版設計與寫真集等視覺類書籍，並擁有一定評價的出版社擔任編輯。大約三年前買下屋齡不大的華廈重新裝潢。和先生、七歲長男與四歲長女，四人一起生活於東京都內。

「以前租屋而居時，有一種強烈的暫住感，對於居家生活並沒有什麼特別的執著。」回首過去，橋本說雖然有打算買房子，也一直在尋找，但這件事比預期的還要耗時，結果就這樣過了六年。

「當時和簡單生活完全沾不上邊。搬家前處理掉很多物品，在發現自己都不會感到不捨或依戀時，受到了不小的衝擊。曾經在某個部落格上讀到一段話：『在選擇物品上缺乏堅持，使得日本經濟積弱不振。』果真如此！這件事也令我深深地省思。」

基於這樣的經驗，面對即將展開的新生活，橋本開始用心挑選會好好珍惜的物品。家具無一不講究，餐桌和長條餐椅是訂製的，單張的椅子是在確認貼合身體後才買下，沙發是下訂後才生產，等了將近兩個月才到貨，還特地訂製小尺寸的櫃子，最後甚至下定決心購買昂貴的真皮沙發。雖然朋友建議「等孩子大一點再購買也不遲」，但只要一想起先前清理隨便購買的物品所經歷的不愉快，這次決意要挑選一輩子都會愛惜使用的物件。至於成為生活基地的內部裝潢也下了不少工夫，地板是無垢的、壁紙選用天然材質，讓整體風格顯得既簡約又有質感。物品雖少卻不流於無趣枯燥，空間設計極有意境。

搬來這裡已經三年，也實現了真正的清爽潔淨生活，光看空間規劃，完全不會讓人聯想到這是有兩個孩子的住宅。只是換個地方居住並無法改變生活型態，橋本家推翻了過往的作風，轉而朝向簡單生活邁進。

「當然也會有凌亂的時候，但為了要在起床時，或進入家門後，能夠保持輕鬆愜意的態度，會挑在就寢或出門之前先將物品整理歸位。」由於夫妻兩人都忙於全職工作，平常無法作到的整理工作就留待假日進行。總之，結論就是要反複的reset。

「隨時保持乾淨是很重要的事情。孩子們好像也知道物品不可以擺著不收，所以會注意不亂丟物品。」體驗並瞭解簡單居家的舒適自在，似乎有助於大幅度改變一家人的生活習慣。

餐廳櫃子上的Anglepoise立燈。立燈可靈活運用，有時放在餐桌陪伴長男學習，有時則移到沙發旁用來看書。

rule 1

講究材質，打造優質基底

每天都會使用的家具，及占據空間極大面積的地板和牆壁，
請挑選觸感良好、光是以眼睛看都能夠感受其品味的高質感物件，
高品質的基底可為空間增添趣味性。

鞋櫃的門原本想維持不變，但在設計師建議下作了更動。木紋很漂亮，質感也好，感覺與之前完全不一樣，證明有所講究是正確的事情。

受到越使用越具韻味的素材吸引而選擇真皮沙發。家中雖沒設計和室，不過在這裡可以完全地放鬆。

楓木無垢地板。圖中不易看出和合板之間的差異，但只要一站上去立即了然於心，越使用越具韻味也是其魅力之一。

物品稀少，乍看之下會覺得單調，但實際進入空間後，會發現高品質的家具與內裝材料能打造出有品味的簡約風格。櫃子是委託兵庫縣的calanthe所製作。

委託木工家西本良太製作的櫻桃木餐桌與餐椅。交貨後就自己上油保養，以維持木材的舒適觸感。

椅子是柏木工的產品。除了喜歡它的設計之外，在展示間試坐時也能與身體貼合，當下就決定要購買。「好像很符合日本人的身型。」

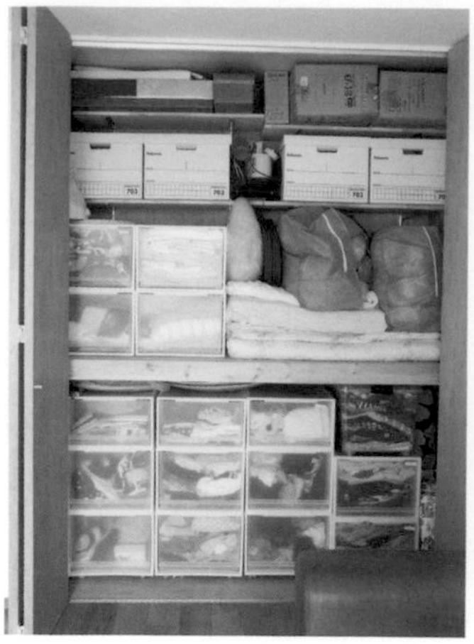

客廳的收納空間。孩子們的衣服及棉被等放在右側，左側是長男專用空間。「這裡可自由使用，因為靠近客廳，整理時也很方便。」櫃門換成直達天花板的簡約設計。

rule 2

僅持有少量物品，並全部收入收納櫃中

決定維持現有的收納空間，不再另外添購收納家具。
由於稍不注意，家裡的物品就會越來越多，
所以刻意將持有物品控制在現有收納空間可容納的數量。

唯一購買的收納家具，目的是想用來擺放女兒節的人偶，櫃內只放了筆電及藥箱。在女兒節以外的時間只會擺上少許的裝飾，稍微點綴一下空間。即使有收納空間，也不額外增添物品，以打造簡單生活為首要目標。

廚房只擺出最低限度的必要物品。基本上是將物品全部隱藏起來，並養成在外出及就寢前將物品歸回原位的習慣。餐具的數量不少，而且幾乎都是白色系。選擇打破了也能補齊的無印良品和ティーマ（Teema）的產品。吊櫃刻意保持著寬鬆的狀態，不將空間塞滿。

rule 3

為了起床與回家所作的reset

既然是生活的空間，難免也會弄亂，
但只要建立起收拾的習慣，就能天天保有好心情。
會在就睡前及出門前作好reset工作。

雖然忙碌，客餐廳的整理歸位也不能因此省略。「希望一踏進家門就有好心情。」住旅館時一樣會收拾整齊。

洗手檯區域由先生負責整理歸位，整體空間的清掃則放在週末。由於實際上擺放的物品很稀少，多餘的物品全都收在櫃子裡，空曠的空間讓人每天都保有好心情。

搬家後習慣在週末請人到家裡玩，藉此維持簡單生活的動力。買一整條生火腿，約半年左右和朋友一同享用完畢。

rule 4

經常請人來家裡玩，保持整理的動力

勤於收拾整理，是簡單生活所不可或缺的要素。
家人之間比較容易得過且過，
所以經常邀請朋友到家裡坐坐，可以維持整理的動力。

輕鬆、省時、減少多餘的工作。簡單生活魅力無窮。

人氣插畫家 **holon**

上班族。因朋友的影響而上傳圖片至instagram，十分受到網友們的歡迎，點閱率逾三萬人。潔淨清爽的居家照，搭配饒富意趣的文字，吸引眾多粉絲。instagram的帳號是「holon_」。採訪時，與先生及四歲女兒居住於東京郊外。

客餐廳的基本擺設。以北歐復古風家具為主，並搭配無印良品的茶几等。

將簡單生活的點點滴滴投稿到圖片分享平台instagram後，越來越多人被holon簡約美麗的居家寫真與文字所打動，激發出簡單生活的動力。

「由於物品數量少，使用完畢就能簡單歸回原位，而歸回原位的舉動也讓打掃工作變得輕鬆許多。若四處都擱放著物品，就必須要一邊挪開一邊打掃，歸回原位可省下這個多餘的動作。因此，簡單生活可以和省時連結在一起。」一邊上班一邊帶孩子的holon，正是處於最忙碌的階段，所幸拜簡單生活之賜，減輕了作家事的壓力。

「單身時會收集東西捨不得丟棄，無法過簡單生活。結婚後，先生屬於很捨得丟棄物品的類型，漸漸受到他的影響。」因為對於丟棄物品還是有抗拒感，所以細心把關，不輕易讓物品「登堂入室」。以書和雜誌為例，因為對居家生活感興趣，會閱讀很多關於家事、收納、布置之類的書籍，holon一開始先向圖書館借閱，真正喜愛的書籍才會購買。其他的物品也一樣，不當下作決定，而是先設定保留期，等有足夠的理由說服自己購買才下手。

相對的，決定割捨的就不保留，每個月還在網路進行一次拍賣，「拖拖拉拉，每天都要作一點會很麻煩，整理好後設定同一天上傳、同一天配送是個小小的訣竅。不要太貪心就能將物品全數賣掉。」像這樣，除了丟棄之外，自己設定好割捨物品的方法，就能毫不勉強的維持簡單生活。

基於投資在家具上，而不持有太多雜貨、餐具與廚房用具等的想法，北歐復古風的高級家具成為holon家的室內裝飾主角。由於家具在空間中占據很大的面積，時常會看見它，所以無論如何都想要挑選自己喜歡的款式，這種想法相當合理。也許是因為買了中意的家具，心靈上獲得極大地滿足，所以不會為了紓解壓力而去購買雜貨。「由於物品數量少，可以輕鬆地挪動家具、更換布置，時時樂在其中，就能不斷地創造空間的新鮮感。」

rule 1

可頻繁地更換擺設

當生活一成不變時，就會想要注入新鮮感，
但不需要去購買裝飾性的雜貨，只要改變家具的擺設即可。
不必花錢就能大幅度轉換氣氛，還可以順便打掃，可謂優點眾多。

由於物品數量稀少，可輕鬆地挪動家具。將沙發旋轉90度，半圓餐桌直接靠牆，因為家具色調一致，不論移到何處都很好搭配。

變換擺設的原則是家具不要堵住房子角落。藉著露出角落，營造清爽、通透、簡約的外觀。

ＤＩＹ的黑色壁面。在木框與夾板上貼上壁紙，製作一個黑白色日曆，當成客廳的重點裝飾，效果極佳。

rule 2

挑選的物品非黑即白

挑選黑色或白色的最大理由是「喜歡」。
排除了其他顏色，讓空間顯得乾淨又簡單。
從實用品到平常不會擺設的物品，都堅持選用這兩個顏色。

存放捲筒衛生紙的籃子也是黑色的。除臭劑則貼上在FLYING TIGER購買的貼紙。

將洗衣劑的原標籤撕下，改貼上在mon・no・tone購買的黑白色貼紙。

IKEA畫框壁架上的陳列品基本上也是黑白兩色。數字的印刷作品有聚焦的效果。

白×黑的浴巾有五條，洗臉毛巾是灰色的，有八條。嚴格控制物品數量，使用到出現磨損的情況為止。

餐具只有黑白兩色，挑選較堅固可放入洗碗機的款式。「正在考慮要不要減少有花紋的器皿。」

目前最中意的是孩子房間的這處角落。燙貼上TOY字樣的束口袋是為了收納玩具而製作的物品。

收納櫃內也是白×黑！

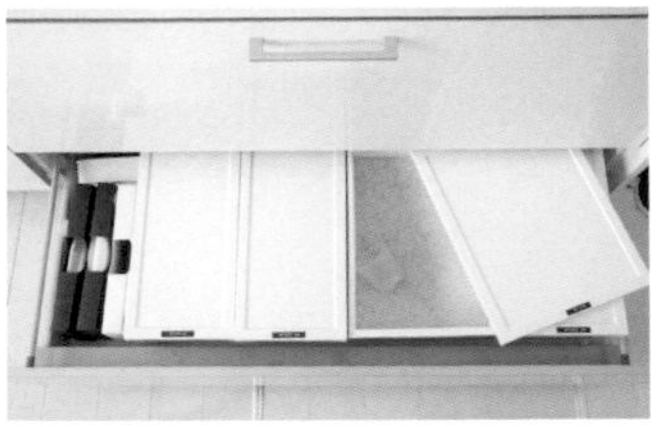

「以打開抽屜及櫃門時的心情為優先」，看不到的地方不會就馬虎跳過。右：餐具櫃內看不到其他顏色。中：吊櫃的收納盒也是黑色。左：流理檯下的抽屜用來存放食材及米。

牆壁若是白色，通常地板會使用大地色，但最後仍舊選擇了白色。基調刻意限定成白色，成為簡單又能襯托黑色的空間。

rule 3

大空間選用白色作基底，黑色則作為裝飾色

雖然沉醉在白×黑中，但黑色還是裝飾性的顏色。
無法隨意更動的室內空間以白色為主，
黑色只占一小部分，反而更顯簡約。

位於二樓的臥室與孩子們的房間，整體上都是以白色為主軸。黑色部分比一樓的客餐廳少很多，以便安穩入睡。亞麻床單及窗簾也是白色。右邊是夫婦的臥室。左邊是孩子們的房間，房內的斗櫃是從MACKY十多歲時就使用至今的物件，不是純白色但與空間風格十分相配。

右：客廳收納櫃的底下幾層是孩子們的空間。「將書放在容易取放的位置，就可以經常閱讀。」左：利用箱子或紙袋收納玩具，方便整個帶著走。紙盒放串珠，資料夾內放積木，紙袋則裝拼圖和畫本。

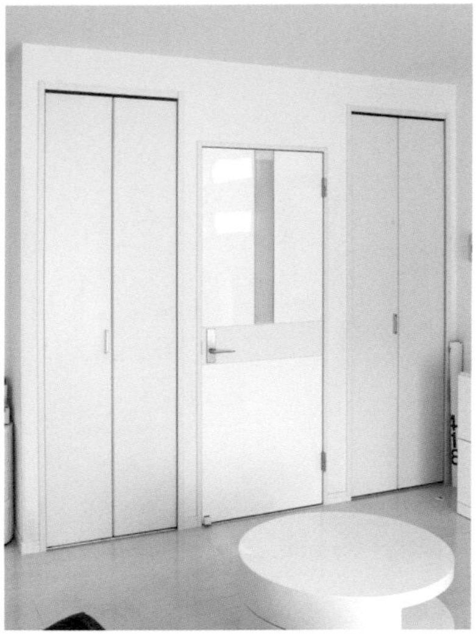

房門和收納櫃的門也使用白色。「雖然都是白色，可惜無法統一成同一種白色。」儘管如此，白色還是營造清爽感的萬能顏色。

洗手檯也統一成白色，讓整體空間流露出俐落感。由於此處經常使用水，所以地板選擇深灰色，避免髒污太過明顯。

rule 4

孩子的物品放在動線佳的壁櫥內

為了不讓孩子的物品四處散落，
事先配合他們的動線設置收納空間。
動線佳，又方便整理，是簡單生活不可欠缺的一環。

兩個年紀還小的兒子，回家後會在客廳換衣服，所以位於客廳日曆下的櫃子就用來收納他們的衣服、體操服及帶去學校的用品等。比照置物櫃的作法分配櫃位，「因為是和孩子們一起討論，共同決定收納的方式，因此就由他們自行整理。」孩子們可在櫃門的內側自由黏貼貼紙，以解決到處亂貼貼紙的問題。

專家的包包裡裝了些什麼？①

我們平常所攜帶的物品中也透露出對生活的態度，
就讓我們一起來看看簡單生活的人士，他們的包包內都裝了些什麼吧！

P.10的廣瀨裕子

一年四季都使用籃包。Felisi的波奇包用來收納充電器及裝了護唇膏等的束口袋。以洗衣夾固定充電器的電線是個有趣的點子。錢包及鑰匙包也是Felisi、記事本是QUOVADIS。一定會隨身攜帶的環保包是白色系，很貼近廣瀨小姐的風格。

P.16的滝沢綠

復古風的竹編包纏上minä perhonen的圍巾，兼具裝飾與遮蔽的功能。散發出迷人韻味的皮夾是HENRY BEGUELIN、名片夾是POSTALCO、面紙套是朋友贈物、觸感舒適的亞麻手帕是R&D.M.Co-，至於minä perhonen的小包包則是用來放置化妝品。

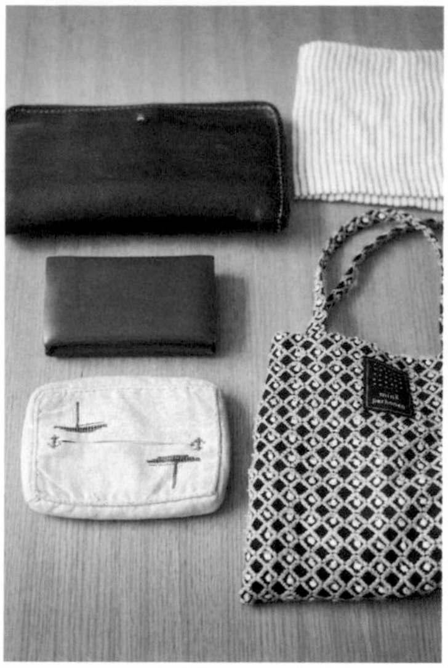

P.104的植松良枝

搭配衣服使用LANVIN包包及通草編織籃等。打開包包，裡面有著不同款式的marimekko的口金包。「包包的開口極大，很方便。」紅色的放化妝品、灰色的放名片、黑色是筆和小筆記本。今年開始也隨身攜帶日曆手帳及日記。

P.80的MACKY

不只是住家，連隨身用品也貫徹黑白風。包包是ALEXANDER WANG、錢包是CHANEL，毛巾是愛好黑白的部落客朋友設計的商品，口金包則是黑白迷的朋友手作的禮物，裡面裝了香水擴香瓶、眼藥水、護唇膏與唇蜜等。

Part 3

人氣料理家的簡單料理與生活

談到生活，料理是個不能漏掉的重點。稍不注意，就有可能淪陷在氾濫的資訊與各式各樣的商品中，而遠離簡單生活。以下帶領讀者一窺人氣料理家在簡單料理所展現的美味與魅力，及他們的簡單生活方式。也許料理改變了，生活也會跟著有所轉變。

rule 2

嘗試簡單的烹調方法

一開始先嘗試簡單的料理方式，
例如，將材料全部倒入鍋中，單純以油烹煮，引領出青菜本身的風味。
使用這種作法，不僅能使人瞭解食材原本的味道，還能將料理簡單化。

整鍋青菜咕嚕咕嚕地煮至軟化，有別於翻炒時的清脆口感，可以吃出青菜特有的滋味與甘甜。

只是倒入材料，開火烹煮，
卻能烹調出深奧的終極簡單料理。

油煮青菜

材料（容易操作的份量）
青菜 …………………… 多量（適量）
大蒜 ………………………… 1 瓣
紅辣椒 ……………………… 1 根
橄欖油 ……………… 多量（適量）
鹽 …………………………… 適量

作法
❶青菜放進裝滿水的調理盆，恢復鮮嫩後切成適中的大小。大蒜切半去芽再拍碎，紅辣椒則去籽切成細末。

❷鍋中倒入蒜末及紅辣椒末，鋪上青菜後，四周淋上橄欖油，撒一小撮鹽後蓋上蓋子。加熱煮至油冒泡即轉小火，續煮至青菜變軟，最後以鹽調味即完成。

rule 3

選擇美味調味料

在設計自己的菜單時，渡邊康啟會去尋找心目中的夢幻調味料，而且非它不可。
烹調方式雖然簡單，
但只要添加講究的調味料，就能讓料理瞬間勝出。

胡椒粒
「MARICHA」

「有著與其他胡椒完全不同的香氣。」鮮明的氣味，具有強烈的存在感。

橄欖油
「STUPOR MUNDI」

香氣清新，口感溫醇的橄欖油。由於深得喜愛，甚至還在自身的網頁上販售。

紅酒醋
「L'ESTORNELL」

「酸味扎實，除了可直接沾食之外，燉煮後殘留的香醇紅酒風味也很迷人。」

胡椒粒燉牛肉（☆☆）

材料（容易操作的份量）

牛肉（燉煮用）……400g
A 洋蔥……1顆
A 芹菜（含葉子）．大蒜……各1根
B 胡椒粒……1大匙
B 乾燥月桂葉……1片
B 肉桂棒……1根
B 丁香……3粒
橄欖油．鹽．紅酒……各適量

作法

❶牛肉切成大塊，並將A的材料切成粗末。
❷鍋中倒入橄欖油加熱，倒入A及一小撮鹽炒至快黏鍋時，再加進牛肉炒至變色。
❸加入B，並倒入紅酒，約淹過材料的高度即可。煮至沸騰後改成小火，再續煮至牛肉變軟，最後以鹽調味即完成。

（☆☆）椒鹽風味

馬鈴薯湯

材料（2人份）

馬鈴薯……2顆
乾燥月桂葉……1片
鹽．橄欖油……各適量

作法

❶馬鈴薯充分洗淨後去皮，並將皮保留。
❷鍋中倒入馬鈴薯、馬鈴薯皮、月桂葉、一小撮鹽、450ml的水，加熱煮至沸騰後，調成小火，再放上鍋蓋煮至馬鈴薯軟爛。
❸挑掉馬鈴薯皮，以木鏟等將馬鈴薯切成粗塊，加入鹽調味，盛盤後再淋上橄欖油即完成。

糖醋香菇（☆）

材料（容易操作的份量）

乾香菇……90g
洋蔥……1顆
松子……20g
肉桂棒……1根
葡萄乾……40g
紅酒醋……3大匙
黍砂糖……1又½大匙
橄欖油．鹽．胡椒粒……各適量

作法

❶乾香菇先以700mℓ的水浸泡一晚，之後切去蒂頭末端，再切成適中的大小。將香菇水過濾，洋蔥切成梳形，松子炒香。
❷鍋中倒入橄欖油加熱，依序加入洋蔥、香菇拌炒。接著倒入香菇水、肉桂、葡萄乾、1大匙紅酒醋，一邊煮一邊撈去浮渣，再調成中火並不時地攪拌。當湯汁快收乾時，倒入松子、2大匙紅酒醋及黍砂糖烹煮。最後以鹽調味，並使用研磨罐撒上胡椒即完成。

（☆）糖醋風味

營業專用的冰箱可兼工作檯使用。作菜時，廚具及材料不會凌亂地擺放，只拿出需要的物品。由於動線流暢，可快速整理歸位。

rule 4

作菜也需要有「好風景」

對渡邊而言，潔淨的廚房與簡單的味道具有相連性。
處在凌亂的狀態下，就無法集中心思在料理上，也影響美味度。
「風景」很重要，看著美麗的事物，作出來的料理也會跟著變美。

在流理檯的照明處加上S形掛鉤，將廚房剪刀與海綿等吊掛起來。雖然只是放在方便使用之處，還是可以整理成俐落的模樣。

委託建築師特地製作的餐桌，並刻意搭配不同的椅子，有TOLIX的椅子、Philippe Starck設計的透明椅、舊椅子等。由於地毯一旦歪斜就不甚美觀，所以選擇不鋪設。窗簾內是收納空間，電視也放在裡面，連平常看不見之處也井然有序。

在Lloyd's Antiques購買的收納層架，由於在廚房處會一直看到它，所以在收納時相當重視視覺上的美觀。

右：白色餐具疊起來的模樣真好看！因為使用頻繁，乾脆直接放在開放式層架上。餐具的顏色一致，所以空間也不會顯得凌亂。左：置於層架上方的大盤子內擺著常溫保存的蔬果，打造藝術裝飾氛圍。

rule 5

生活中的衣・食・住都要全力以赴。

衣食住，不偏廢哪一方，盡全力收集資訊後再進行挑選，
就不會購買太多不必要的物品，自然地形成簡單生活。
不要因為覺得物品「好像還不錯」就購入，而是要挑選打從心中滿意的物品。

Stephanie Quayle的陶版畫，一度沒買到，但不知何故原交易取消，才能失而復得。現今懸掛於渡邊家中的潔白牆面上，空間與畫作相互映襯。

曾經也有過買衣服要越醒目越好的時期，但現在則喜歡穿戴基本款，輕鬆舒適的衣服深得我心。襯衫是ENDS and MEANS、牛仔褲是WTAPS，個人也喜歡MR.GENTALAMEN和YAECA。

右：裝飾於收納層架上的是法國藝術家Robert Coutelas的紙片畫。喜好藝術的渡邊家低調地擺設藝術品。左：Steve Harrison的餐具曾在地震時破裂，後來請朋友以金繼手法（使用天然漆修復陶瓷）修復，斑駁的傷痕也因此增添了幾分魅力。

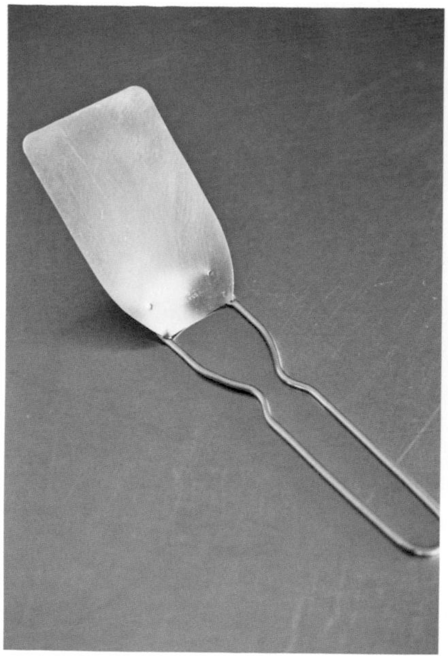

一直都沒有使用鍋鏟，直到遇見La Cucina Felice EBISU這支既薄且彈性絕佳的鍋鏟才購入。

在ATLAS antiques購買的波隆酒壺（Porron），原本用來喝酒，現在則拿來裝碗盤清潔劑。

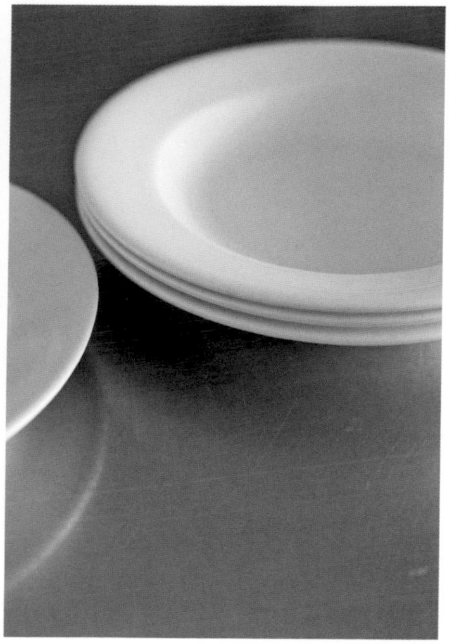

在持有的眾多白色餐具中，最喜歡THECONRAN SHOP的原創湯盤。由於造型優美，不論盛裝什麼都很好看。

選用簡約的廚具

總要再三思量才下手，廚具也不例外，
每一個都有明確的購買理由，
在此先介紹其中一部分。

在布拉格購買的銀製餐具組。「和不鏽鋼製的餐具有著截然不同的氛圍，單獨用餐時也一定會使用銀餐具。」

Fissler的專業級鍋子，和鑄鐵鍋一樣，保熱性高，質輕耐用。這是一個會帶來感動的鍋具，工作上經常使用。

不鏽鋼杯可放食材或用來攪拌調味料，十分方便。訂製了專用蓋子，可疊起收放。

rule 2

相信單一食材料理的力量

組合多種食材的料理當然也有其獨特的美味，
然而在單一食材的料理上，不論是簡單的滋味還是作法都正合我意。
相信食材擁有的力量，選擇在菜單上下功夫。

不裹粉，直接煎烤，好吃到令人上癮！

馬鈴薯煎餅

材料（2人份至3人份）
馬鈴薯 ………… 3顆
鹽 ………… ¼小匙
胡椒 ………… 少許
橄欖油 ………… 2大匙

作法
❶馬鈴薯去皮水洗再拭乾水分。用刨刀刨成粗絲（不必泡水），拌入鹽及胡椒混合。
❷平底鍋中倒入1大匙橄欖油加熱，將馬鈴薯倒入，平鋪於鍋面。一邊以鍋鏟按壓，一邊以中火煎烤4分鐘至5分鐘，變脆後翻面。沿四周倒入剩餘的橄欖油，再煎4分鐘至5分鐘。切成適當大小後即可盛盤。

炸生蛋！單一食材極品

裹麵粉油炸生蛋

材料（2人分）
蛋* ………… 4顆
油炸專用油．麵包粉 ………… 各適量

＊注意，蛋若不新鮮，打開後會整個散掉。

作法
❶將油加熱至中溫，約170℃左右。
❷在大的調理盆中倒入充分的麵包粉，打入蛋，以雙手將麵包粉裹住蛋，再放入鍋中油炸，另一個蛋也裹上粉後放入。炸約2分鐘至3分鐘後翻面，再炸1分鐘至2分鐘上色、變脆。剩下兩個蛋的作法相同。

＊可加上高麗菜絲再淋上醬汁。

只需煎至色香味俱全，就是美味佳肴！

脆煎雞腿

材料（2人份）
雞腿肉……………………………2小片
大蒜………………………………1瓣
鹽…………………………………½小匙
胡椒………………………………少許
橄欖油……………………………½小匙
奶油………………………………2大匙

作法
❶在不帶皮的雞肉側劃上4刀至5刀，兩面都抹上鹽與胡椒，並將大蒜切末。
❷平底鍋倒入橄欖油加熱，帶皮面先下，以中火煎煮，兩面各煎3分鐘至4分鐘，之後改為小火再煎3分鐘至4分鐘後即可盛盤。
❸平底鍋不必洗，直接倒入大蒜及奶油，以小火炒出香氣，再淋在②的雞肉上。

＊搭配混合了香芹與奶油的米飯，並放上一片檸檬。

rule 3

請好好地正視鹽味

鹽巴用量約為食材重量的0.6%至1%。
與其使用複雜的調味料，不如算好食材的重量，並試著注意鹽的調味量。
因應食材慢慢地改變鹽的用量，從中享受實驗的樂趣。

僅以鹽來提引食材的味道，
藉此培養對鹽味的敏銳度。

食材秤重，
可個別量秤或一併秤重。

即使有很長時間的料理經驗，大庭依舊會在秤重後才開始烹調。若嫌一樣一樣秤太麻煩，也可以一起秤，之後再斟酌調味料的份量。

以研磨罐
將鹽均勻撒在肉或魚上。

研磨罐不僅可在餐桌使用，作菜時也很重要，大庭也會在前置作業中使用它。以研磨罐均勻地撒上鹽巴，可保持烹調風味穩定。

鹽燒蓮藕

材料（2人份）

蓮藕	250g
橄欖油	2大匙
鹽	⅓小匙
胡椒	少許

作法

❶蓮藕不削皮，只稍微切掉兩頭末端，接著切成1.5cm至2cm厚，水洗後拭乾。
❷平底鍋倒入橄欖油加熱，將蓮藕排放於其上，以中火煎煮，兩面各煎4分鐘至5分鐘。上色後均勻撒上鹽及胡椒即完成。

rule 4

從習慣的菜單中縮減食材

對於習慣組合數種材料的固定菜色，
試著以減法的觀念大膽縮減食材，
不僅可以見識到新的滋味，還能開拓出更多新菜色。

簡單的馬鈴薯沙拉

材料（2人份至3人份）
馬鈴薯 ……………………………4大顆
法式沙拉醬 ………………………3大匙
美乃滋 ……………………………4大匙
鮮奶油 ……………………………3大匙
鹽．胡椒．粗磨黑胡椒 ……………各少許

作法
❶馬鈴薯去皮，切成6等分至8等分，泡水10分鐘。
❷鍋中倒入馬鈴薯，加水至淹過馬鈴薯，煮滾後即改成小火，加蓋煮12分鐘到15分鐘至馬鈴薯軟透。之後將水倒掉，重新加熱讓鍋中的馬鈴薯釋出水氣，使表面呈現粉狀。
❸馬鈴薯倒入調理盆中，趁熱淋上法式沙拉醬。冷卻後加入美乃滋與鮮奶油混合，並以鹽及胡椒調味，最後盛盤並撒上粗磨黑胡椒即完成。

**沒有小黃瓜也沒有洋蔥！
單獨品嚐
馬鈴薯原本的風味。**

調味料簡單就好。

對調味料有所堅持，也是簡單料理的思維，大庭都是使用住家附近可以買到的調味料。理由是如果每次都更換調味料，味道就會不穩定，而且不易培養對食材味道的敏銳度，選定調味料也是讓料理變簡單的思考方式。

掌握當令食材最鮮美的時刻，
儘量簡單料理

料理家 **植松良枝**

簡單品嚐蔬菜風味的食譜頗獲好評。重視季節感，曾於倡導將二十四節氣導入日常生活中，並就飲食面提出方案。近期著作有《熱沙拉》、《假日廚房！桌邊の調味盆栽》等。http://uemassa.com

只需混合玉米與鼠尾草葉，再簡單地炸至酥脆，就能獲得極致的美味。「炸物是男生和小孩都喜歡吃的簡單調理方式。」

在娘家的田地種植蔬菜等，從二十多歲開始就相當重視蔬菜及其時令。「十天為一旬，光是追隨季節作料理就已經忙得不可開交。當令食材擁有一定的能量，在烹調與調味上只要作到提引美味的動作就足夠了。」所以料理家植松良枝的蔬菜料理才會那麼簡單。

「除了田裡的作物之外，也會光顧有機蔬菜店及附近的蔬菜直銷店，超市也OK。這些銷售店的優點在於賣的是當令食材，好吃又有能量，再加上價格便宜，我覺得不多多利用就太可惜了。」

有了當令蔬菜，就能實施簡單料理法。其中，請務必要試試使用油炸的效果，即使是印象中不是拿來油炸的食材，若是沒什麼顧慮不妨也嘗試一下，如同這次所介紹的這兩道料理。油炸過後，感覺食材的風味瞬間被鎖住，一口咬下就能品嚐到當令食材的美味。「油炸過後，就算是簡單的食材也會變好吃，這點鑾令人開心。」

隨著工作變忙碌，植松感覺生活也越來越簡單了。「物品數量多，不僅整理起來很辛苦，還一直處於要將物品歸位、清潔打掃的狀態，使自己充滿壓力。」因此為了繼續舒適自在的生活，會特別注意控制物品的數量。另外，因為持有物品的材質與空間色調一致，也不會讓空間顯得雜亂。「先決定好什麼是數量眾多也無妨的物品，這點相當重要。對我來說餐具就是不可或缺的必需品，我不會過度限制其數量，但會設定好收納的位置。我認為這是能維持無壓力的狀態下，持續過著簡單生活的訣竅。」

rule 1

重視季節感，使用具有能量的蔬菜

經常準備美味又有能量的當令食材，
以提引它們自身風味的方式進行烹調，將料理簡單化。
若是認真追隨季節的腳步，也不會有空閒時間製作複雜的料理。

四季豆擦乾水分後油炸，不只蔬菜的滋味變濃，還呈現出新美味。「簡單的烹調方式也能創造美食，請務必撒上美味的鹽一起享用。」

不只是娘家栽種的蔬菜，也會去住家附近的蔬菜直銷所等，尋找美味蔬菜成為植松不可欠缺的日常工作。

清炸四季豆

材料（2人份至3人份）
四季豆 ……………………… 200 g
油炸用油．鹽 ……………… 各適量

作法
❶切掉四季豆頭尾的末端，擦乾水分。
❷油炸用油預熱至180℃，什麼都不沾，直接將四季豆放入鍋中油炸5分鐘至6分鐘，等炸到全部豆子皺縮上色即可。最後再瀝乾油分、撒上鹽巴即完成。

酥炸玉米

材料（4人份）
玉米 ……………………… 1根
鼠尾草葉 ………………… 1撮（約5g多）
麵粉 ……………………… ½杯
泡打粉（若是家中有準備）……… ⅓小匙
油炸用油．鹽 ……………… 各適量

作法
❶以菜刀削下玉米粒，鼠尾草葉切成5mm寬。
❷將①、麵粉、泡打粉倒入混合，再加約¼杯的水，整體拌至成團。
❸油炸用油預熱至170℃，玉米糊以湯匙舀成一口大小，再放入鍋中油炸，炸約4分鐘至5分鐘，等上色變脆就Ok了。最後瀝乾油分，與鹽一起盛盤即完成。

植松家的主角是這張大餐桌。黃櫸木的桌面配上銳利感的桌腳，展現摩登氛圍。

rule 2

生活中處處可見喜愛的天然素材

天然素材的物品，
優點在於即使素材不是完全相同，也能彼此調和，為空間帶來一致感。
更棒的是直接擺放於空間中時，也不會讓環境顯得凌亂。

位於廚房吊櫃下方，以無垢木板搭起的開放式置物架。木架散發天然風味，為稍嫌冰冷的廚房增添暖意。
廚具也多半是天然材質，例如：竹篩與曲木盒等。

打開收納櫃上的竹編菜罩，裡面是繽紛包裝的零食。還可用來遮住書和筆電等，是在越南購入的物品。

走廊的牆上裝上S形掛鉤，懸掛上掃除用具及衣用毛刷等。每樣物品都是以美麗的天然素材手工製作，彷彿裝飾品一般。

餐廳的餐具櫃內部。相同的木碗和餐墊都是一起使用，所以統一收在籃子裡，方便取放。連看不到的地方也選用天然素材，每次取用時都能保有愉悅的心情。

rule 3

改造及用心維修，延長家具使用壽命

不能使用的家具不輕易丟棄，而是配合現在的用途加以改造，
這也是植松的堅持。
雖然維修費稍高，但為了能經久使用，並不會吝惜這筆花費。

將家中使用的餐桌再利用，桌腳變成工作檯的桌腳，桌面則改造成圓板凳。也只有無垢木材製作的家具，才可能再生的利用。

婆家使用了近四十年的Hans J. Wegner設計的Y Chair。要更換天然紙纖的椅面並不便宜，但因為是難得的耐用型經典家具，還是選擇送去維修，目前仍舊繼續使用中，也非常愛惜它。

同樣是裁切舊桌子的桌面再裝上鐵製桌腳，當成電視櫃。形狀相同的長條椅也是由舊物改造而成。

背面是餐具櫃。以前是開放式的
收納櫃，因為需要使用到很多的
餐具，就訂作了這個櫃子。

為方便取放，將流理檯上吊櫃的門拆下，整齊排列的籃子和越南所購買的同款式鋁鍋等，讓空間顯得相當井然有序。
鍋子不是用來烹調，而是收納大蒜和OK繃等小物。

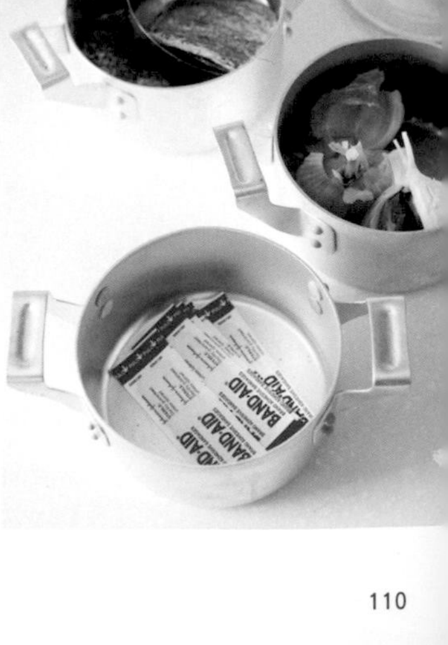

rule 4

購買相同或相似的收納用具，能使空間變得簡單

收納用具請儘可能挑選款式相同或素材感一致，
這樣才會讓空間顯得清爽整齊，也不會產生凌亂感。
挑選可以疊放的款式還能節省空間。

rule 5

特地設置一個留白空間

空出一層的收納櫃等，
平常不要擺放東西，方便在烹調或物品突然增加時使用。
重要的是，使用完畢就要馬上收掉，恢復成原本留白的狀態。

上：開放式置物架上排列著佐渡所購買的籃子，用來收納食品等。籃子散發出迷人的韻味，大小又剛好！
中：托盤和調理盆是同品牌，可平穩的疊放收納。
下：放在右頁照片最上層籃子內的保存容器，相同的款式帶來簡潔感。

餐具櫃特意留下一個開放的空間，不作收納使用，平常會裝飾花朵，上料理課時可暫放要使用的器皿，或展示新買的餐具等。

廚房背面的開放式置物架，有兩層平常是保持留白的狀態，可在作菜時暫放物品或放置別人給的物品等，靈活運用。

P.88渡邊康啟

背包是ENDS and MEANS。因為手機與錢包都放在口袋，背包內只裝了名片夾與薄荷糖。「由於我常購買食材回家，所以大包包是必需品。」

P.30柳本あかね

環保袋、記事簿、用來裝筆記用具與化妝品等的marimekko波奇包。LOEWE的錢包是父母送的獨立開業禮物。另外還有鑰匙、單字卡（正在學芬蘭語）、手機、零錢包、毛巾等。橫長款的托特包是タカハシナオ的作品，可搭配和服，所以經常使用。

專家的包包裡裝了些什麼？②

P.22大內美生

包包喜歡使用曾在主持的藝廊介紹過的MIDORIKABAN。流露迷人韻味的筆記本封套是在I+STYLERS所購入，並夾入母子手帳。波奇包是喜歡的marimekko第7、8代。裡面還有Kate spade的錢包、折形設計研究所的名片夾，及文庫本（封套請參考P.25）。

P.42青木律典

會隨身攜帶進行中的設計圖，青木愛用的PORTER包提起來很有分量。包內有genten的名片夾、皮革小物作家華順的錢包，及裝了筆袋（無印良品）與牙刷的波奇包（CASA PROJECT）、Hobonichi Planner的筆記本等，還帶了卷尺，真不愧是建築家。

Part 4

收納專家的簡單衣櫃

邁向簡單生活的最大障礙可說是衣服的管理方式，這是個十分惱人的問題。本篇就來看看在裝扮上也受到肯定的收納專家們，他們是以什麼方法來管理自己的衣服。和室內裝潢相比，時尚的風格範圍更廣，狀況更是各式各樣，有許多值得學習的基本管理方式及想法。

將壁櫥的上半層當成衣櫃。除了外出服之外的衣服都放在這裡。現在打頭陣的「首發服」吊掛在前面，其餘的則收在後面。一眼望去，物件一目瞭然。

以容易穿搭的衣服為中心，若是失敗了，就重新來過，並再改進。

整理收納顧問 **本多さおり**

住在屋齡逾四十年的2K集合住宅。簡單的收納方式來自於「嫌麻煩，希望儘可能輕鬆自在過日子」的想法。著有《打造輕鬆作家事的房間》、《打造輕鬆整理的房間》等。夫婦二人居住於埼玉縣。http://hondassori.com

以簡單收納的創意受到眾人歡迎的本多さおり，雖然很愛購買衣服，但衣櫃內總是保持得很簡潔。祕密不只在收納的工夫，衣服的穿搭也是關鍵。

「重點在於買衣服時，會刻意挑選設計上容易穿搭的基本款，這樣就能輕鬆地和既有的品項作搭配。」

最近她正在挑戰縮減穿搭核心的衣服數量，最後決定將上衣和下半身各六件，總共十二件的「首發服」，作為日常的穿著，其餘的則先收在衣櫃深處。

「一開始我也很懷疑『十二件真的夠嗎？』但實際執行後，非但沒有不足，還很夠穿呢！同時發現自己經常穿的衣服並沒有那麼多，就集中在那幾件。衣服少了，嘗試新的穿搭變得有趣，決定要穿哪件衣服的時間也縮短，出門前的準備工作一下子輕鬆許多。」

壁櫥的布簾拉上的模樣。只是將拉門換成布簾，房間就呈現不同的風格。尺寸剛好，是向無印良品所訂製。

還有一個意外的收穫是，衣服數量越少越珍惜每一件，保養時也覺得心情格外愉快。

衣服的顏色盡量選擇容易配合的色系，也是讓穿搭簡單化的有效方法。決定好容易配色的幾個「基本色」後，和手邊的品項怎麼搭都協調，也能因此減輕搭配的煩惱。本多的基本色是白色、米褐、藍色到深藍，條紋衫也是挑選這幾個顏色。偶爾可配上令人興奮的鮮豔小物，柔和的粉紅色或鮮麗的檸檬黃等，使用反差色系低調地表現季節感，也能將臉部四周襯托得更明亮。

衣服的材質，以不分季節的棉及亞麻為主。「衣服若是羊毛的，會受到季節限制，所以盡量挑選羊毛配件，例如：冬天重疊穿棉質衣物，再利用羊毛褲襪或圍巾等保暖。」

在門框上的橫木加上掛鉤，吊掛外出服。考量到換裝動線，圍巾等小物也放在旁邊，讓外出時的準備工作很順手。

經過深思熟慮後挑選的衣服，事後也有可能會覺得「還是選錯了」，此時就將它當成失敗的經驗，從中學習。像這樣一點一滴建立起的衣櫥，現在仍在更新中，也將持續打造自我的穿搭風格。

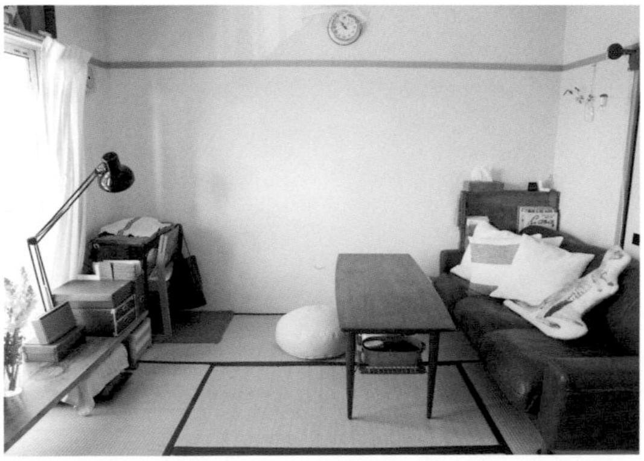

客廳兼工作室的房間。沙發有放鬆專用的小物，工作桌則放置資料類，用心考量物品的配置，讓空間顯得清爽整齊。

打頭陣的襯衫和圓領衫，是在最近才添購的新物品。（左起）藍色襯衫（無印良品）、直紋衫（le Glazik）、橫紋衫（伊勢丹）、白襯衫（nook STORE）、白色針織衫（evam eva）、藍色針織衫（MARGARET HOWELL）。

A 上衣

基本上是丹寧、黑色和卡其褲各一條，再加上款式稍微不一樣的其他褲子。（左起）丹寧褲（YAECA）、灰褲（ART & SEINCE）、卡其褲（GARNDMA MAMA DAUGHITER）、黑褲（Adam et Ropé）、白色寬管褲（CHICU＋CHOCU5/31）、海軍藍吊帶褲（atelier naruse）。

B 下半身

穿搭❷

+α

長罩衫讓「首發服」瞬間有了不一樣的風格。多色圍巾中的檸檬黃十分搶眼，也讓臉部四周跟著明亮幾分。

A+B

直紋的棉衫配上白色寬管褲，是夏天的穿搭風格。當天氣轉涼時，就加上針織衫與緊身褲，三季都能派上用場。

穿搭❶

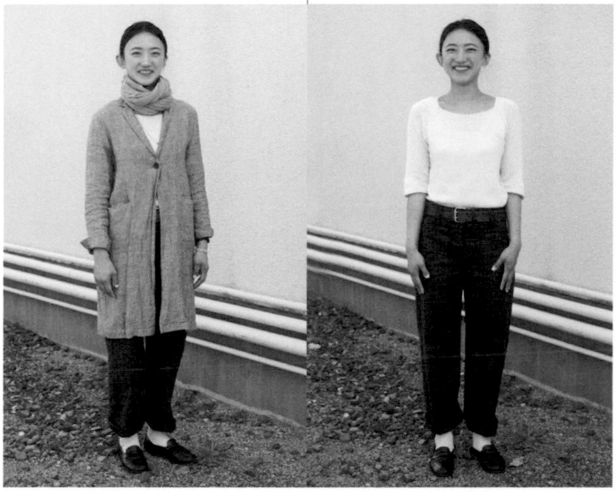

+α

在「首發服」外加上長罩衫套及圍巾，強調縱向線條外，還可以遮住在意的大腿，脖上的圍巾也有將視線向上吸引的效果。

A+B

白色針織衫搭配灰色亞麻褲，都是柔和的素材，腰間的皮帶增添幾分精緻氣息。鞋子刻意挑選皮革製，以注入一點堅挺感。

衣服的標籤不要丟掉，上面有價格、素材及保養方式等寶貴資料。貼在筆記上保存並註記購入日及店鋪等，也可作為日後添購衣物時的參考。

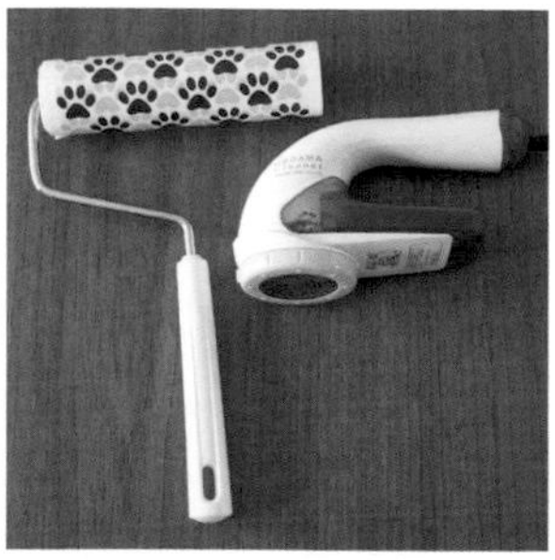

衣服數量縮減，自然會更用心保養。右：脫下的衣服在通風及去污垢後，放入衣櫃。左：開始使用電動除毛球機後，針織衫的保養變得好輕鬆。除毛刷目前仍是愛用品之一。

rule 1

十二件的「首發服」

受到暢銷書影響，用來打頭陣的「首發服」。
穿搭核心的上衣和下半身數量一下子縮減許多，
配合季節的變化，一個月輪替一次。

為基本款的「首發服」注入色彩與變化的配飾。本多說：「之後想再慢慢地增加更多款式。」

rule 2

事先決定好基本色

本多先挑選出幾個自己穿戴時覺得放鬆的顏色，並以此作為基本色。
事先決定容易互相搭配的顏色作為基本色，
可省下不少穿搭的煩惱。

rule 3

挑選一年四季都可以穿的素材

羊毛的鬆軟長褲及厚針織固然吸引人，
但考量到實用性，還是由棉及亞麻勝出。
春天到秋天都只要穿一件，天冷時再多穿幾件即可。

以前夏天是亞麻材質，現在只要布料稍厚，一年四季都會穿。搭配羊毛緊身褲及暖和毛襪，既可愛又禦寒。

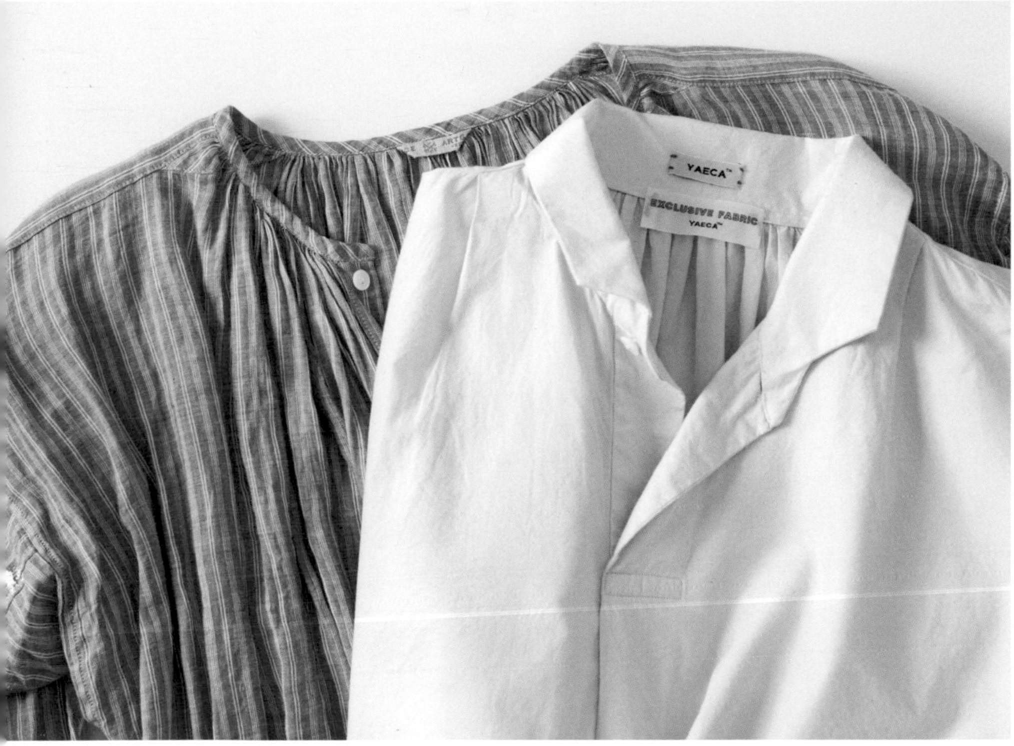

耐穿的棉及亞麻。髒了只要簡單地清洗即可，而且越洗越有風味這一點也很吸引人。

以圍巾和手套將身體包裹，保持溫暖。因為是小物，不論是配色或穿搭都很容易，可以放心大膽地玩配色遊戲。

rule 4

會重複購買喜歡的樣式

內衣和襪子是消耗品，只要材質及樣式吻合，自己又喜歡，穿搭時就會感到很安心。
所以一旦發現合意的商品就會一直重複穿搭，
直到失去機能後，才會重新購買一樣的商品。

為了防範因為擔心買不到替換的衣物而一下子購買太多，設定備用品只能放置在這個收納區內，不能超出範圍。

可以接受的商品只買少量，再一直重複穿搭，這是本多的作風。右：白色棉衫由無印良品購入，內衣背心是PRISTINE，觸感超棒。左：襪子愛用日本製的F/style和法國製的Bone Maison，由於質地柔軟，穿戴時很舒服。

Emi的時尚。左起為出門上街、工作、帶孩子到附近的公園。大都是穿TOMORROWLAND、MACPHEE、URBAN RESEARCH等品牌。

櫥窗購物或試穿購買都不愛，因為這樣而走向簡單的穿衣風格。

整理收納顧問 OURHOME **Emi**

從生活及整理收納顧問的經驗中，醞釀出的巧思與生活風格深受眾人歡迎。也與企業合作開發商品，著有《讓孩子自己動手收》、《寶寶的照片整理術》等。與先生及六歲的雙胞胎居住於兵庫縣。http://ourhome305.com

Emi過著相當忙碌的生活，不只以整理收納顧問的身分開設講座，還兼及雜誌連載、出版、商品開發等，在穿著上的品味也逐漸受到關注，「其實我是因為不愛逛櫥窗或試穿，所以穿衣服也和家居布置一樣，自然而然地形成簡單風格。」

以前在當上班族時，比起真正想穿的衣服，更多的衣服是為了因應各種場合而準備，當時六個榻榻米大的房間內擠滿了夫婦二人的衣服。趁著三十歲辭掉工作之際，Emi重新審視身邊的衣物。「決定要處理掉的衣服，有很多都是冒險買下，之後就很少再穿。我覺得會打扮的人，可以將衣櫃內的衣服與高級品牌服作組合，穿搭出很好的時尚感，但我自知作不到。」所以Emi僅挑選兩、三個品牌當作主軸，而且只和穿起來舒適、合乎自己風格的品牌打交道。Emi認為打造簡單衣櫃的關鍵在於品牌風格相似的衣服可以相互穿搭，比較不會失敗。

能夠充分掌握適合自己身型的款式，也是不會持有多餘衣物的重要因素之一。Emi分析寬裙比窄裙更適合自己，外套以無領為佳，褲子則是上寬下窄等，「前幾天接受骨骼檢查，對方建議我穿著的衣服，和我自己的分析大致相同，讓我感到很安心。不確定自己的體型適合什麼款式的人，或許也可以檢查看看。找到適合自己的款式，就不會感到迷惘而一味地追逐流行。」

全家的衣服都收納在西式的房間內，幾乎不需要換季，再加上收藏的衣服並不多，所以手邊有什麼衣服都能隨時掌握。不僅如此，多本還將全家的衣服拍照存檔管理。拍照雖然辛苦，卻有不少的好處，比方說，藉此看出自己偏好的顏色與款式、添購新衣時對照一下照片就能避開過於相近的類型、穿搭上也變得更容易等。

「拍照很費功夫，但可以趁機判斷是不是真的很喜歡這件衣服，或要將它清理掉。將衣服全部拍攝成照片大概花了一個小時左右，雖然一開始比較費事，之後卻能輕鬆管理穿搭風格。」

本多的住家是白色、灰色、木頭色的簡樸空間，其中還點綴了小小的生活雜貨與綠色植物。衣服也和家居布置抱持相同的概念，僅利用簡約的單品加上重點配件。

rule 1

以簡約單品×裝飾配件為主

單品的要素限定為樣式簡單、基礎色且沒有任何圖案，
之後再加入圍巾、開襟衫及大耳環等配件作裝飾，
以展現自我的風格。

簡約單品　以白色、米褐、灰色、深藍為基礎，顏色簡單又百搭。將衣服一件件拍照的好處是可以重新瞭解自己的喜好。

裝飾配件　比起垂墜型，更適合扣在耳上的簡潔型，會挑形狀大且較鮮豔的顏色。此外，圍巾和開襟衫也可以營造變化，儘量選擇顏色亮麗或有花色圖案為佳。

rule 2

孩子們的衣服也以簡單為基礎

小孩的衣服和大人一樣，也是以款式簡約及基礎色為主。
但不會因此封鎖孩子們喜歡的衣服，他們平時也可以挑選自己想穿的款式。
保有親子間溝通的彈性，也是一件重要的事情。

只有在孩子年幼時才能享有的周末家庭服裝日。「讓女兒的連身裙和兒子的褲子同布料等，不是穿得一模一樣，而是選擇低調連結。」

平日的衣服由孩子自己選擇。「兒子每天都穿足球服，女兒的衣服顏色則比較鮮艷。只有襪子上會出現卡通人物。」

右：孩子的外套多半很俏麗，但兩人的外套都是黑色。「女兒的是hakka kids，兒子是H&M。」中：H&M的男童針織衫款式很簡單，女孩穿起來也很可愛，我很喜歡。左：鞋子挑選黑色系，從日常生活到婚喪喜慶都OK，非常百搭，沒必要買太多鞋。

rule 3

以手機管理家中的衣服

以手機拍下每件衣服，建檔儲存，
不僅一目瞭然，還可掌握衣服的數量和喜好，
而且不會重複購買，避免持有多餘的物品。

不只是自己的衣服，孩子的衣物也拍照管理。一次全部拍好，之後只要刪去尺寸不合的衣物，再重新輸入新購買的即可。

因為能夠瀏覽家裡有哪些衣服，添購新衣也變得輕鬆。「若無法每件都拍，可以直接拍下整個衣櫃或抽屜，還是會有所幫助。」

rule 4

挑選可和先生共用的物品

Emi的家是以男女都能舒適、放鬆的中性設計為主題。
衣物也是一樣，樣式簡單的物品可以和先生共用，
既不會增加物品數量又能帶來變化。

夫妻兩人共有十六個包包，其中七個可以共用。不必再添購新物品，一樣能有所變化。圖中是共用的包包。

右：手表也共用。黑色是RIKI WATCH，白色是MHL.和G-SHOCK的聯名款。左：裝飾配件的圍巾也可以共用。灰色是由CHECK&STRIPE的羊毛布直接裁下，彩色條紋則是蜜月旅行時所購買。

置衣間的全貌。右側是先生、左前是Emi、左後是孩子們。因為是使用不鏽鋼層架，可輕鬆移到個別的房間內。

rule 5

全家人的衣服都吊掛於此處，方便掌握數量。

衣服並未分散至個別房間的衣櫃內，
而是選定一個置衣間，將全家人的衣服集中管理。
洗好後要整理歸位也很輕鬆，而且幾乎不必換季。

左：Emi專用的吊掛式衣櫃，衣服以吊桿上的衣架數量為限。「不喜歡疊衣服，所以幾乎都吊掛起來」。
右：吊掛式衣櫃的左側是房間附屬的衣櫃，這裡用來收納外套及不常穿的衣服。

吊掛的衣服下面有兩個箱子，一個是放要洗的衣服，另一個是放回收的衣服。暫放的物品也給它一個固定的位置，房間就不會顯得凌亂。

將孩子的衣服分成平日與假日作區分管理

全家共用的吊掛式衣櫃，孩子們的假日服也掛在這裡。目前還是由爸媽管理，所以吊掛得比較高，但有準備要將吊桿調低，讓孩子也能使用。

孩子平日穿的衣服收在盥洗室的置物架上，如同置物箱般左右對稱，放在孩子容易取放的下層，一人只有一箱。

某年掛上春裝的衣櫃。兩件條紋衫是居家服，再往左的是當季服裝，往右的是非當季服裝。圍巾可以用來增添變化，是Linen的必備品。

衣服數量少，約兩年就進行一次汰舊換新，這是自我流的簡單衣櫃。

整理收納顧問 **Linen**

Linen的個人檔案請參考P.49。

整理收納顧問Linen的居家生活已經在P.48至P.53作過介紹，貫徹「物品數量超出掌握就不持有」的想法，打開家中任何一處收納空間，東西都擺放得相當寬鬆，就連衣櫃也是如此。180cm寬的衣櫃，將其他季節的衣服全部吊掛上去也不會擠在一起，每件衣服之間仍保有數公分的距離。

「我是那種喜歡穿新衣服的人，三年前的衣服幾乎不會再去碰它。所以我採取的模式是，只持有少量的衣服，穿兩年，之後就汰舊換新。」也就是說，反覆地穿到丟掉也不覺得可惜的程度，之後等三年一到就全部替換掉！除了外套與穿在裡面的針織衫之外，一季大約十件衣服就夠穿了。

在換季之前，例行性的工作是先針對「上收納課」、「和朋友碰面」、「出遠門」等場合各搭配好兩套至三套衣服，若是不夠搭配就再添購，不想再穿的衣服直接清理掉。如此一來，衣服的數量雖少，但一直都有新衣服可以穿，而且衣櫃內掛的都是自己喜歡的款式。更重要的是不會出現「衣服很多但永遠少一件」的情形，又能享受當季的流行。

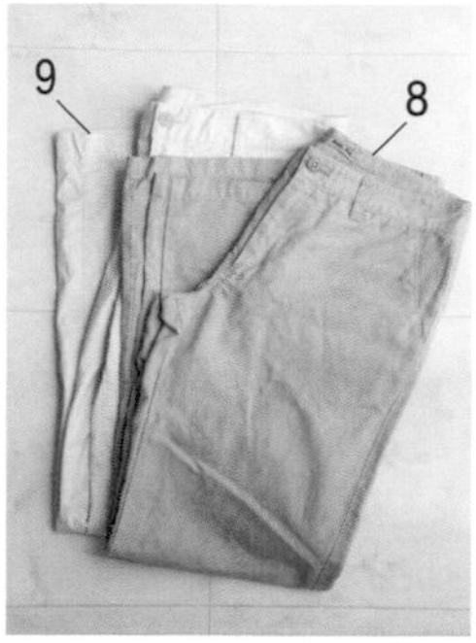

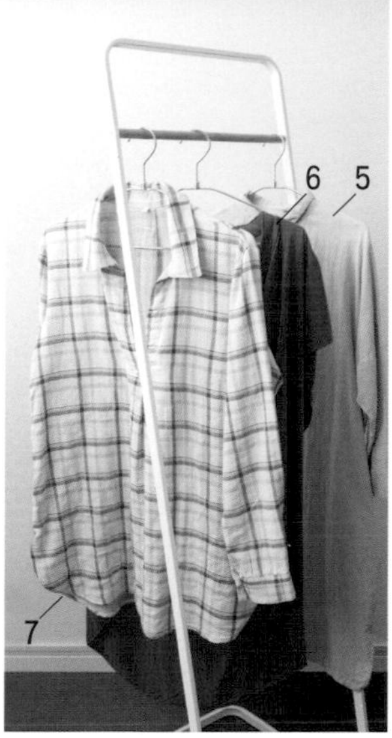

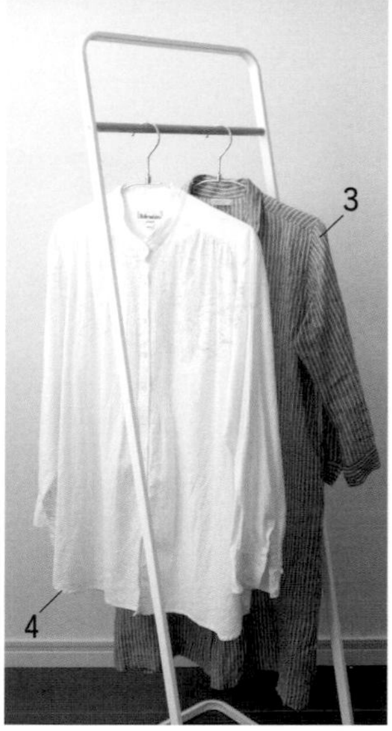

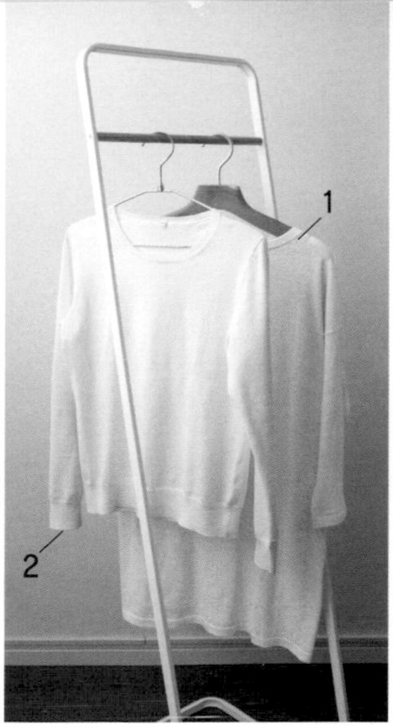

今年春天的九件衣服。「之前上班時會穿套裝或化纖材質的衣服，但現在只穿天然素材的衣物。」常購買的品牌有evam eva、GALERIE VIE、fog、無印良品等。回收時會利用drop、Brandear等二手商品買賣或拍賣網。

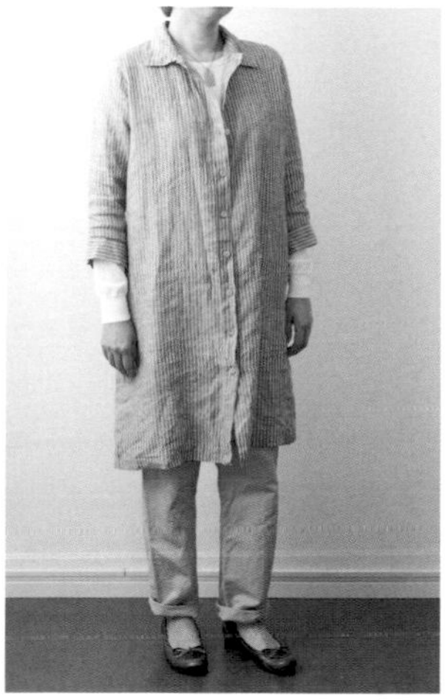

上：「和朋友碰面」就穿1+5+8，再搭配圍巾營造不同印象。下右：「上整理收納課」就穿2+3+8。這種搭配比較好活動，但要注意不要顯得懶散。下左：「出遠門」是2+6+9，有著出遊的愉悅及輕鬆感。

rule 1

一季有九件至十件的衣服就夠穿了

區分出三個至四個場合，每個場合有兩種至三種的穿搭方式，就已經足夠應對生活所需。
在換季前先模擬一下，決定好如何汰舊換新，那麼就算衣服不多，
但在每兩年就進行更替的情況下，依舊可以常保新鮮感。

rule 2

包包五個，鞋子四雙！

只有兩隻手和兩隻腳，所以　次也只使用到一個包包和一雙鞋。
買太多卻不使用，會使得物品失去意義。
只持有真正會使用、自己喜歡的物品，但每滿兩年一樣會汰舊換新。

出門專用的鞋子限定四雙。其他放在開放式層架上的是輕便運動鞋、涼鞋和短靴等，全部的鞋款就是圖中所拍攝的模樣。「主要是挑選合腳的BARCLAY鞋子。」

僅有五個包包。其他就只有環保包和旅行箱，少到令人想問：「這是全部嗎？」每個包包都有專屬的功用，完全沒有派不上用場的包包。在紙袋貼上標籤，置於最上層，一來拿取方便，二來也不會忘記有哪些東西。

rules

高品質的

理想生活整理術